叶面阻控技术
在重金属污染防治中的理论与实践

黄永春　刘仲齐　王常荣　等　著

中国农业科学技术出版社

图书在版编目（CIP）数据

叶面阻控技术在重金属污染防治中的理论与实践 /
黄永春等著 .-- 北京：中国农业科学技术出版社，2024.11
ISBN 978-7-5116-6854-7

Ⅰ.①叶… Ⅱ.①黄… Ⅲ.①农田污染 - 重金属污染
- 污染防治 - 研究 Ⅳ.① X535

中国国家版本馆 CIP 数据核字（2024）第 109521 号

责任编辑 王惟萍
责任校对 王 彦
责任印制 姜义伟 王思文

出 版 者 中国农业科学技术出版社
北京市中关村南大街 12 号 邮编：100081
电 话 （010）82106643（编辑室） （010）82106624（发行部）
（010）82109709（读者服务部）
网 址 https://castp.caas.cn
经 销 者 各地新华书店
印 刷 者 北京捷迅佳彩印刷有限公司
开 本 170 mm × 240 mm 1/16
印 张 13
字 数 241 千字
版 次 2024 年 11 月第 1 版 2024 年 11 月第 1 次印刷
定 价 63.80 元

《 叶面阻控技术在重金属污染防治中的理论与实践 》

著 者 名 单

黄永春	刘仲齐	王常荣	刘月敏
薛卫杰	保琼莉	孙约兵	张长波
杨晓荣	程六龙	王晓丽	杨少彬
孔维勇	火兴宇	李文华	王培培
张雅荟	郎耀臻	刘雅萍	刘贵阳
庞 杰	焦欣田	赵艳玲	张 昕
韩潇潇	徐 莜	王惠君	尹 洁
张 烁	焦欣田	闫 雷	

前 言
PREFACE

  我国土壤重金属污染严重，约 1/5 的耕地受 Cd、As、Cr、Pb 等重金属的污染，农产品的安全生产受到了威胁。"十二五"以来，我国高度重视并积极推进重金属污染治理工作，出台了一系列土壤污染防治规划和政策。安全、经济、成熟、有效是农田重金属污染防治的总体要求。"十三五"和"十四五"期间，国家设立了"农业面源污染和重金属污染防治专项"，启动了一大批重金属污染治理项目，制定了一批行之有效的重金属污染农田安全生产措施，包括水肥调控、土壤钝化、种植低累积作物品种、植物修复等，这些方法在农田重金属污染防治中都发挥了重要作用。叶面阻控是农田重金属污染防治的重要技术之一，具有经济、高效、易推广的特点。目前，农田重金属污染防治中的叶面阻控技术已经成为一种推广面积最大的单项技术之一，在未来具有更广阔的应用前景。

  近年来，农业农村部环境保护科研监测所重金属生态毒理与污染修复创新团队在中国农业科学院科技创新工程协同创新任务"南方地区稻米重金属污染综合防控"、国家重点研发计划项目"重金属污染耕地安全利用技术与产品研发"（2017YFD0801100）、国家自然科学基金项目"2,3-二巯基丁二酸调控 Cd 在水稻体内转运机制"（42077153）、农业生态环境保护项目及中央级公益性科研院所基本科研业务费专项资助下，针对农业重金属污染的现状，面临的问题与挑战，以水稻为对象，通过叶面喷施 DMSA、SAC、L-Cys、GSH、SUC、小分子酸和微量元素等不同叶面阻控剂，评估不同叶面阻控剂对水稻各部位重金属 Cd、As 和 Pb 的吸收积累的影响，以及对水稻中矿质元素含量的影响，研发能够降低稻米中重金属含量的叶面阻控技术，以期为污染农田的安全利用和作物的安全生产提供理论指导。《叶面阻控技术在重金属污染防治中的理论与实践》一书是这项研究的最新成果进展。

本书共 11 章：第 1 章 我国重金属污染面临的问题与挑战，介绍了我国重金属污染的现状与面临的挑战，分析了重金属叶面阻控剂的作用机理及其应用现状；第 2 章 喷施 DMSA 对水稻 Cd 含量的影响及其机制，介绍了喷施 DMSA 对水稻幼苗 Cd 吸收转运、抗氧化系统、籽粒 Cd 及矿质元素含量的影响；第 3 章 喷施 SAC 对水稻 Cd、As、Pb 含量的影响，介绍了喷施 SAC 对水稻种子幼根和幼芽 Cd 胁迫缓解效应，对水稻 As 转运影响和晚稻籽粒 Pb 含量的影响；第 4 章 叶面喷施 SUC 降低水稻幼苗 Cd 含量机制，介绍了喷施 SUC 对水稻幼苗 Cd 含量和抗氧化损伤的影响机制；第 5 章 喷施 L-Cys 对水稻 Cd 和矿质元素含量的影响，比较分析了喷施 L-Cys 对水稻籽粒和不同营养器官 Cd 含量的影响；第 6 章 喷施 GSH 对水稻 Cd 和矿质元素含量的影响，比较分析了喷施 GSH 对水稻籽粒 Cd 含量和不同营养器官 Cd 含量的影响；第 7 章 喷施小分子酸对水稻 Cd 积累和转运特性的影响，介绍了喷施苹果酸、氨基酸对水稻 Cd 含量及转运特性的影响；第 8 章 喷施 Zn 离子对水稻各器官 Cd 积累特性的影响，介绍了喷施硫酸锌对水稻各器官 Cd 含量和必需营养元素的影响；第 9 章 叶面调理剂的降 Cd 效果及其对营养元素转运的影响，比较分析了喷施苹果酸和不同微量元素的降 Cd 效果及对水稻各器官营养元素转移的影响；第 10 章 水稻各器官 Cd 阻控功能的研究进展，综述了水稻根系、茎叶、穗轴和稻壳对 Cd 的阻控研究进展；第 11 章 重金属调控 NSCCs 生理功能的研究进展，综述了重金属离子类型和浓度影响 NSCCs 门控机制的研究进展。本书可供农田重金属污染修复和安全利用相关领域的科研、管理和生产人员参考。

本书虽几易其稿，但限于水平和时间，缺点和疏漏在所难免，敬请读者批评指正。

著 者

2024 年 4 月于天津

缩略词

2,3-二巯基丁二酸	DMSA
S-烯丙基-L-半胱氨酸	SAC
L-半胱氨酸	L-Cys
半胱氨酸	Cys
谷胱甘肽	GSH
蔗糖	SUC
非选择性阳离子通道	NSCCs
镉	Cd
砷	As
铅	Pb
汞	Hg
铬	Cr
锌	Zn
钙	Ca
镁	Mg
铁	Fe
铊	Tl
锑	Sb
硅	Si
硫	S
锰	Mn
铯	Cs
硒	Se
镍	Ni
钡	Ba
铜	Cu
硼	B

锶	Sr
锂	Li
铷	Rb
镧	La
钆	Gd
植物螯合肽	PCs
谷氨酸	Glu
甘氨酸	Gly
精氨酸	Arg
组氨酸	His
脯氨酸	Pro
亮氨酸	Leu
异亮氨酸	Ile
缬氨酸	Val
酪氨酸	Tyr
丙氨酸	Ala
胱氨酸	Cys
丝氨酸	Ser
赖氨酸	Lys
苯丙氨酸	Phe
天冬酰胺	Asn
天冬氨酸	Asp
活性氧	ROS
电感耦合等离子体质谱仪	ICP-MS
丙二醛	MDA
过氧化氢酶	CAT
超氧化物歧化酶	SOD
过氧化物酶	POD
转移因子	TF
α- 酮戊二酸	α-KG
三羧酸循环	TCA

目 录

CONTENTS

第 1 章

我国重金属污染面临的问题与挑战

1.1　我国重金属污染现状与面临的挑战

在过去几十年，我国工业、农业生产实现了迅猛发展，但同时也导致农田生态环境质量与土壤污染问题日渐凸显。2014 年发布的《全国土壤污染状况调查公报》指出，全国耕地土壤点位超标率为 19.4%，其中重金属超标点位数占全部超标点位的 82.8%。在单一重金属污染中，土壤 Cd、Hg、As、Cu、Pb、Cr、Zn、Ni 8 种重金属点位超标率分别为 7.0%、1.6%、2.7%、2.1%、1.5%、1.1%、0.9%、4.8%。在所有土壤超标重金属元素中 Cd 排名第一，As 和 Pb 元素虽然排名分别在第三和第五，但是由于其对哺乳动物毒性超过 Ni、Cu，因此受到更多关注。2017 年，《第二次全国污染源普查公报》公布我国水中重金属污染物（Pb、Hg、Cd、Cr 和类金属 As）排放量为 182.54 t，其中排放量位于前三的行业为有色金属矿采选业（32.17 t）、金属制品业（26.06 t）、有色金属冶炼和压延加工业（24.26 t）。同时，一些地区 Ti、Sb 重金属污染问题逐渐凸显。作为重金属生产和使用大国，我国土壤重金属污染形势一度极为严峻，约 1/5 的耕地受 Cd、As、Cr、Pb 等重金属的污染（宋玉婷 等，2018）。由于农田土壤污染严重，我国农产品的安全生产受到了威胁。由于我国人口基数大，粮食的需求量高，重金属污染导致耕地可利用性下降，不能通过休耕农业来解决重金属对作物造成的影响，因此，为了保证食品安全，充分利用我国有限的耕地资源，探索一种有效的作物重金属阻控技术，在土壤仅受到轻微或中度污染的地区仍能生产符合国家标准要求的粮食具有重要意义。

重金属污染农田直接影响粮食安全和农业可持续发展。土壤因其特殊的生态功能与强大的自净能力，成为环境重金属污染物的载体与归宿，大气和水环境中的外源性重金属污染物最终以干沉降、降水、泄漏、地表径流或污水灌溉等多种途径进入土壤（赵彬 等，2024）。土壤重金属污染是我国环境治理的一大难题，如彻底地治理土壤重金属污染存在工程量大、消耗成本高、难以规模化推广等问题。我国每年因农田土壤重金属污染而造成的粮食亏损超 1 000 万 t，经济损失达 200 多亿元（李斌 等，2013）。Cd 作为毒性最大的重金属元素之一，位列 12 种全球性的危险化学物质之首（Fulda et al.，2013）。Cd 在土壤中具有毒性大、易隐蔽、难降解等特点，土壤中的有效态 Cd 会被农作物吸收并在籽粒等可食部位富集。2016 年，对土壤 Cd 浓度为 1.80～2.80 mg/kg 的稻田种植的 617 个籼稻杂交品种和 68 个自交稻品种的 Cd 含量进行统计分析，研究结果表明稻米中的 Cd 含量在 0.67～7.83 mg/kg，远高于国家标准。小麦、玉米、水稻等农作物籽粒中的 Cd 累积过多，易超过国家标准所规定的食品中污染物的限定值，如果人们长期摄入 Cd 超标准食品，可能会导致出现严重的疾病。改善土壤重金属污染，减少其向作物的转移已经成为公众日益关注的焦点。因此，修复农田重金属污染，降低作物产品中的 Cd 含量对农产品安全生产和保障人类身体健康具有重要意义。

我国重金属污染耕地分布具有明显的地域特色，适用的治理措施也不尽相同，面临的治理难点也差异较大。南方部分地区稻米重金属超标问题突出，水稻重金属积累存在显著的品种（基因型）间差异，不同品种间稻米 Cd 含量差异可达 10 倍以上。种植重金属低积累特性稳定且可广泛推广的水稻品种是开展水稻安全生产的重要途径。然而，一方面生产上水稻品种更新很快，难以有新的重金属低积累品种跟进；另一方面我国南方有大量的高产优质水稻品种，能有效缓解国家粮食压力和提高农民生产收益，很难被低积累品种替代。因此，针对水稻重金属低积累品种和非低积累品种，建立配套的栽培措施、水肥调控、重金属活性钝化等技术，以控制稻米中的重金属积累量显得更为紧迫和现实。北方干旱半干旱地区，重金属污染土壤主要分布在工矿企业周边农田和污水灌溉区。传统的水肥耦合模式主要围绕高产优质目标来实施，对小麦、玉米等旱地作物可食部位中重金属积累特征及调控机理的研究比较少。

土壤中重金属浓度过高会影响作物光合作用、呼吸作用、能量传递、蛋白质合成、氧化还原平衡和离子内稳态等生理活动，进而影响产品品质和产量。不同作物类型间进行轮作、套作或间混作，对农产品中的重金属含量有显著影响。玉米和东南景天、黄瓜与海州香薷、芥菜和苜蓿、龙葵和欧洲凤尾蕨间作等研究结果均表明，低积累作物与超积累植物混作既减少了作物对重金属的积累，又促进了富集植物对重金属的吸收。在重度污染农田，选择高生物量且重金属富集能力强、有经济效益的植物进行替代种植，结合替代植物安全收获技术与精深加工技术，可实现污染土壤"边生产边修复"的双赢效果。一些生物量大、生长快、对多种重金属具有较高富集作用的能源作物已成为有潜力的替代种植植物，将其转化为生物能源或者制备成生物基复合材料不仅可以实现无害化、高值化利用，而且可以避免二次污染。然而这类植物规模化栽培技术、安全收获技术、精深加工技术及工艺装备、残余副产品无害化处理技术及工艺装备等仍亟待研究。

为了降低土壤环境污染问题给农产品质量安全带来的风险，早在 1976 年，联合国粮食及农业组织（FAO）就颁布了《土地评价纲要》，提出了评价土地生产力、安全性、适宜性等方面的技术指标和方法。许多发达国家和地区普遍采用土壤污染风险管理思路，对于污染农田一般采用休耕的方式解决。我国耕地资源有限，通过休耕整治重金属污染的方式难以实施，迫切需要研究适合我国不同地域特点和耕种习惯的重金属污染耕地安全利用技术。

1.2　我国治理农田重金属污染相关政策与治理成效

我国先后颁发了《土壤环境质量标准》《农用地分等定级规程》《食用农产品产地环境质量评价标准》《温室蔬菜产地环境质量评价标准》等技术标准，试图通过对耕地质量进行分类来降低农产品的质量安全风险。但这些技术标准一般是对某一时间点耕地土壤质量的静态评价，忽视了土壤环境质量、作物类型、生态环境等因素对农产品重金属含量的综合影响，用简单的土壤污染标准来评价和管理全国不同类型的耕地土壤明显科学性不足。单纯依据土壤重金属总量进行耕地质量评价，容易高估土壤污染风险。目前仍然缺乏科学、有效的重金属污染耕地分类管控标准。

"十二五"以来，我国高度重视并积极推进重金属污染治理工作，先后出台了《重金属污染综合防治"十二五"规划》《土壤污染防治行动计划》等政策法规文件。"十三五"期间，建立了全口径涉重金属重点行业企业清单，关停涉重金属行业企业 1 300 余家，实施重金属减排工程 900 多个，重金属污染物排放得到有效控制。但是，我国重金属污染物排放总量仍处于高位（石岩 等，2023）。此外，耕地酸化、盐碱化、有机质退化等造成土壤中重金属的活性和迁移性增加，加剧了土壤污染对农产品质量的危害。耕地土壤重金属污染防治工作仍处于压力叠加、负重前行的关键期。

2016 年国务院印发的《土壤污染防治行动计划》中强调，实施农用地分类管理，保障农业生产环境安全，划定农用地土壤环境质量类别。以耕地为重点，分别采取相应管理措施，保障农产品质量安全。《"十四五"土壤、地下水和农村生态环境保护规划》要求分区分类建立完善安全利用技术库和农作物种植推荐清单，推广应用品种替代、生理阻隔、土壤调理等安全利用技术，到 2025 年受污染耕地安全利用率达到 93%。习近平总书记在科学家座谈会上指出，当前农业方面面临许多需要解决的现实问题，如一些地区农业面源污染、耕地重金属污染严重。我国土壤污染防治科技研发起步较晚，虽然探索形成了一些行之有效的技术方法，但总的来看还不够成熟、有效、安全、经济。因此，开展重金属污染农田低成本长效治理技术及装备研发与产业化研究，在地力保持的基础上创新长效低成本治理技术，实现土壤重金属原位精准修复和农业安全生产，对于推动国家"藏粮于地、藏粮于技"战略，保障农业环境安全和粮食安全具有重要意义。

安全、经济、成熟、有效已经成为目前农田重金属污染防治的总体要求。"十三五"和"十四五"期间，国家设立了"农业面源污染和重金属污染防治专项"，启动了一大批重金属污染治理项目，制定了一批行之有效的重金属污染农田安全生产措施，包括水肥调控、土壤钝化、种植低累积作物品种、植物修复等，这些方法在农田重金属污染防治中都发挥了重要作用。然而目前仍缺乏低成本、高效益、可复制、易推广的重金属污染防治措施，开发研制低成本易推广技术仍具有十分重要的现实意义。随着我国无人机产业的高速发展，极大地带动了重金属叶面阻控技术的发展。该技术可实现廉价、高效作业，解决了农田重金属污染防治中的人工成本问题。目前，农田重金属污染防治中的叶面阻控技术已经成为一种推广面积最大的单项技术之一，在未来会有更广阔的应用前景。

1.3 叶面阻控剂的作用机理

叶面阻控技术是指通过向植物叶面喷洒 Si、Mn、Zn、Se 等对植物有益的环境友好型叶面阻控材料，减少或阻断植物对土壤中重金属吸收，降低作物可食用部位或籽粒中重金属的累积量，以达到安全利用的效果。叶面阻控技术具有效率高、吸收快、效果好及用量省等优点。叶面阻控剂对作物重金属吸收的调控主要表现在两方面：一方面通过调节作物生理代谢，增强耐重金属能力；另一方面在植物体内与重金属发生反应，阻止重金属向细胞质和籽粒等关键部位转移，以降低危害。

叶面阻控剂主要分为有机质型、金属元素型和非金属元素型三大类，不同种类的叶面阻控剂其作用机理有所不同。有机质型一般通过吸附、螯合、共沉淀等作用来固定重金属，进而降低作物籽粒中的重金属含量，如胡敏酸带有的可变电荷可以吸附固定重金属离子（李丽明 等，2016）。植物体内含有巯基化合物

Cys、GSH 和 PCs 可促进重金属的解毒和代谢。水稻叶面喷施水杨酸、Glu 和氯化镁能够降低水稻根系中的 Cd 向地上部位富集（宋安军，2015）。叶片喷施丁胱亚磺酰胺（BSO）可增强水稻对 Cd 的耐受性及降低体内的 Cd 浓度（戴力，2017）。

金属离子一般是通过离子间的拮抗作用来实现降低作物籽粒中重金属含量。例如，Zn^{2+} 和 Cd^{2+} 需要相同的转运蛋白，作物可在叶面吸收 Zn^{2+} 并在作物体内转运，植物体内 Zn 含量增加，与 Cd 竞争此类转运蛋白上的重金属结合位点，这会导致 Cd^{2+} 由于转运蛋白不足而减少 Cd 从土壤向作物体内转运（Gao et al.，2018），最终导致植物体内的 Cd 含量减少。Mn 与 Cd 都是以二价的形式被植物根系吸收，二者具有相同的吸收转运途径。Mn 通过与根系形成根表铁锰氧化膜，与 Cd 产生拮抗，进而降低水稻根系对 Cd 的吸收。

非金属元素型叶面喷施元素研究较多的主要是 Si 和 Se。Si 和 Se 是作物的非必需元素，但同样对作物有着良好作用，不仅能够增强作物的抗逆性，还能够通过吸附和沉淀作用将 Cd 拦截在质外体，减少 Cd 在作物体内的转运（Yu et al.，2018）。Si 可增加水稻叶面积、叶绿素含量和光合能力，提高根系保护酶活性和自由空间中交换态 Cd 的比重，降低细胞膜透性及自由基对细胞膜的损害，进而抑制水稻对 Cd 的吸收和转运来缓解其毒害（崔晓峰 等，2013）。Se 是植物体内抗氧化酶（GSH 过氧化物酶和硫氧还蛋白还原酶）的活性中心（Zhang et al.，2012），通过改变抗氧化酶的活性提高作物的抗性（Li et al.，2016），增强与重金属元素的拮抗作用来缓解 Cd 的毒性。生物体遭受重金属毒害时会对细胞内线粒体、叶绿体等重要的器官造成损伤产生大量的 ROS，破坏细胞内氧化还原状态。当机体长期处于氧化还原失衡状态会引发细胞生理性的适应失败，最终导致细胞死亡。

植物对重金属解毒的机理较为复杂，其中包括重金属螯合作用。类似于医学上的治疗重金属中毒的螯合疗法，植物在轻度重金属胁迫下自身会合成一些低分子量的螯合剂，如 PCs 和 MT，与高分子量的重金属结合并将其置于液泡中抑制重金属向植物地上部分的转运，从而实现重金属的区域化隔离和解毒。植物中主要螯合剂有以下 4 种，MT、PCs、氨基酸及有机酸。MT 是一类同样含有 Cys 的小分子蛋白质。与动物体内的 MT 类似，易受到环境胁迫诱导表达，能够结合金属离子如 Cd^{2+}、Pb^{2+} 等。MT 具有清除细胞内 ROS 的功能，增强植物对重金属的抗性和解毒作用，被誉为重金属胁迫的生物指示者。PCs 是植物体内重要的金属结合多肽，最早从日本蛇根草悬浮细胞中分离出来，由 Glu、Cys 和 Gly 组成

2～11 个重复单元的 γ-谷氨酰半胱氨酸和单个 C-末端甘氨酸。PCs 将 γ-谷氨酰半胱氨酸部分转移至底物 GSH 进行酶催反应来催化合成 PCs。另外，PCs 在调控重金属的转运中也发挥重要的作用，影响根系到地上部的运输。

1.4   叶面阻控技术研究进展

20 世纪 70 年代，许多研究者已经注意到，重金属与农作物营养元素之间由于化学性质的相似性或者代谢途径的关联性，常常利用相同的转运系统进行吸收或储存。土壤中的重金属与阳离子营养元素间多为拮抗作用，而与阴离子营养元素间既可能是协同作用也可能是拮抗作用。农作物体内重金属与营养元素间的相互作用较为复杂。N、P、K 等营养元素在农作物体内蛋白质、核酸等重要物质的合成和代谢过程中起着重要的作用，体内营养元素的缺乏将会导致农作物体内物质代谢的紊乱，从而影响农作物的生长和农产品的产量（章明奎 等，2017）。近年来，研究者对植物体内营养元素与重金属之间的相互作用进行研究，发现外部增加 N、P、K 等营养元素的供应可改善农作物体内的酶系统和代谢过程，在一定程度上缓解受重金属胁迫的影响（丁凌云 等，2006）。

我国叶面阻控剂的开发、生产和应用已发展较长时间，叶面阻控剂也由单一的营养元素发展到多种营养元素复合，有关叶面阻控剂的产品也呈多样化且更具针对性。目前多数有关叶面阻控剂的研究主要集中在水稻、玉米、小麦等谷类作物。对作物喷施具有针对性的叶面阻控剂是保障污染农田的安全利用和作物安全生产的重要研究方向（于焕云 等，2018；章明奎 等，2017）。Liu 等（2009）通过盆栽试验发现在水稻分蘖期喷施普通 Si 可显著降低籽粒中 Cd 含量，并推断其原因可能是增加了茎秆细胞壁对 Cd 的固持能力。Chen 等（2018）则进一步研究了纳米 Si 的降 Cd 能力，并在田间试验中于开花期叶面施用 5～25 mmol 纳米 Si 可使成熟期籽粒 Cd 含量降低 31.6%～64.9%，高剂量纳米 Si 比低剂量纳米 Si 能更有效抑制 Cd 离子从营养器官向穗轴的迁移，进而显著降低水稻籽粒中 Cd 含量。Wan 等（2016）通过水培试验在 5 μmol/L Cd 胁迫下外源添加亚硒酸盐 5 μmol/L 可使水稻地上部 Cd 含量下降 24.9%，表明 Se 能有效降低水稻幼苗 Cd 从根到地上部的转运。Gao 等（2018）研究表明田间试验叶面喷施 Si、Se 和硅硒复合肥可使高积累品种 WYHZ 籽粒中 Cd 含量显著降低 71.4%、61.6% 和

39.3%，由于硅硒复合肥处理中的胶体颗粒尺寸较大降 Cd 效果不好，其降 Cd 机理是减少了 Cd 从根到茎和从茎到籽粒的转运，同时增加了 Cd 从茎到叶的转运从而显著降低籽粒中的 Cd 含量。刘家豪等（2019）研究表明，田间试验叶面喷施 S 通过增加有机酸和多肽的生成使籽粒中的 Cd 含量下降 28%～50%。

　　与国外相比，我国对叶面阻控剂探讨的范围较广，阻控剂产品研发与应用研究走在了世界的前列，特别在水稻中重金属控制的应用研究上。采用叶面喷施作为生理阻隔剂不仅可在一定程度上阻控农作物中重金属的积累，还能促进农作物生长、产量增加、品质改善。叶面喷施阻控剂相对于其他调控方法来说具有经济高效、操作简单、不违农时等优点，这也使其具有了广阔的发展前景。目前，利用农作物叶面阻控剂调控农产品中重金属积累的技术还是不够成熟，大多数产品缺乏广泛的田间试验评估，施用效果不够稳定，施用方法有待提升。因此，在现有研究的基础上，深入探讨不同农作物叶面阻控剂控制农产品中重金属的效果，从而筛选出高效的农作物叶面阻控剂。在不同地区、不同轮作制度及不同水肥管理情况下，研究叶面阻控剂对农作物重金属的阻隔效果，确定其适用范围，探讨环境因素、喷施时间、喷施浓度及剂量、喷施次数等对阻隔农作物吸收重金属的影响，集成建立规范化的叶面阻控技术标准。

参 考 文 献

崔晓峰, 李淑仪, 丁效东, 等, 2013. 喷施硅铈溶胶缓解镉铅对小白菜毒害的研究 [J]. 土壤学报, 50(1): 171-177.

戴力, 2017. 叶面喷施 BSO 对水稻耐镉积镉特性的影响 [D]. 长沙: 湖南农业大学.

丁凌云, 蓝崇钰, 林建平, 2006. 不同改良剂对重金属污染农田水稻产量和重金属吸收的影响 [J]. 生态环境, 15(6): 1204-1208.

李斌, 赵春江, 2013. 我国当前农产品产地土壤重金属污染形势及检测技术分析 [J]. 农业资源与环境学报, 30(5): 1-7.

李丽明, 丁玲, 姚琨, 等, 2016. 胡敏素钝化修复重金属 Cu(Ⅱ)、Pb(Ⅱ) 污染土壤 [J]. 环境工程学报, 10(6): 3275-3280.

刘家豪, 赵龙, 孙在金, 等, 2019. 叶面喷施硫对镉污染土壤中水稻累积镉的机制研究 [J]. 环境科学研究, 32(12): 2132-2138.

石岩, 邹龙, 梁彦杰, 等, 2023. 重金属污染全生命周期防治: 挑战与机遇 [J]. 环境工程, 41(9): 29-35.

宋安军, 2015. 镉污染条件下叶面喷施水杨酸、镁、谷氨酸对水稻镉等元素积累的影响 [D]. 成都: 四川农业大学.

宋玉婷, 彭世逞, 2018. 我国土壤重金属污染状况及其防治对策 [J]. 吉首大学学报 (自然科学版), 39(5): 71-76.

于焕云, 崔江虎, 乔江涛, 等, 2018. 稻田镉砷污染阻控原理与技术应用 [J]. 农业环境科学学报, 37(7): 1418-1426.

章明奎, 倪中应, 沈倩, 2017. 农作物重金属污染的生理阻控研究进展 [J]. 环境污染与防治, 39(1): 96-101.

赵彬, 王亮, 魏雨泉, 等, 2024. 我国农用地土壤重金属污染防治标准体系现状及展望 [J]. 环境科学研究(5): 169-180.

CHEN R, ZHANG C B, ZHAO Y L, et al., 2018. Foliar application with nano-silicon reduced cadmium accumulation in grains by inhibiting cadmium translocation in rice plants[J]. Environmental science and pollution research international, 25(3): 2361-2368.

FULDA B, A VOEGELIN, R KRETZSCHMAR, 2013. Redox-controlled changes in cadmium solubility and solid-phase speciation in a paddy soil as affected by reducible sulfate and copper[J]. Environmental science & technology, 47(22): 12775-12783.

GAO M, ZHOU J, LIU H L, et al., 2018. Foliar spraying with silicon and selenium reduces cadmium uptake and mitigates cadmium toxicity in rice[J]. Science of the total environment, 631-632: 1100-1108.

LI M Q, HASAN M K, LI C X, et al., 2016. Melatonin mediates selenium induced tolerance to cadmium stress in tomato plants[J]. Journal of pineal research, 61(3): 291-302.

LIU C P, LI F B, LUO C L, et al., 2009. Foliar application of two silica sols reduced cadmium accumulation in rice grains[J]. Journal of hazardous materials, 161(2-3): 1466-1472.

WAN Y N, YU Y, WANG Q, et al., 2016. Cadmium uptake dynamics and translocation in rice seedling: Influence of different forms of selenium[J]. Ecotoxicology and environmental safety, 133: 127-134.

YU Y, S YUAN, J ZHUANG, et al., 2018. Effect of selenium on the uptake kinetics and accumulation of and oxidative stress induced by cadmium in *Brassica chinensis*[J]. Ecotoxicology and environmental safety, 162: 571-580.

ZHANG H, FENG X B, ZHU J M, et al., 2012. Selenium in soil inhibits mercury uptake and translocation in rice (*Oryza sativa* L.) [J]. Environmental science & technology, 46(18): 10040-10046.

第 2 章

喷施 DMSA 对水稻 Cd 含量的
影响及其机制

　　由于人类的工农业生产活动日益增加，导致农田 Cd 污染问题日益显露和突出。Cd 具有较强的水溶性，易从土壤中转运到水稻体内并在水稻籽粒中富集（杨菲 等，2015）。水稻是对 Cd 吸收能力最强的大宗谷类农作物，也是我国第一大粮食作物。食用稻米已经成为人体 Cd 的主要摄入源。探讨如何降低 Cd 向地上部转运并缓解水稻 Cd 胁迫，对保障食品安全和农业生产都具有重要意义。

　　重金属螯合剂 DMSA 分子中含有 2 个巯基，可以与多种有毒重金属如 Cd^{2+}、Pb^{2+}、Hg^{2+} 等形成稳定的螯合物，在医疗上可以作为重金属中毒的解毒剂。该化合物具有水溶性较好、毒性低的特点，在全球范围内得到广泛应用（Chisolm et al.，2000）。动物试验及大量的临床数据表明，DMSA 能显著降低 Cd 的毒性，而且给药吸收及排泄很快，没有蓄积作用。本研究通过在水稻叶面喷施 DMSA，分析了 DMSA 对 Cd 及微量元素向地上部转运的影响，探讨了 DMSA 对水稻 Cd 毒害的缓解机制，以期为进一步探讨将 DMSA 作为一种降 Cd 叶面调理剂提供理论依据。

2.1　喷施 DMSA 对水稻幼苗 Cd 吸收转运及抗氧化系统的影响

　　本研究通过在水稻幼苗期叶面喷施 DMSA，分析了 DMSA 对 Cd 及微量元素向地上部转运的影响，探讨了 DMSA 对水稻幼苗 Cd 毒害的缓解机制，以期为进一步探讨将 DMSA 作为一种降 Cd 叶面调理剂提供理论依据。

2.1.1　试验材料与试验设计

　　以早稻中早 35（*Oryza sativa* L.）作为试验材料，在人工气候室内进行试验。挑选饱满均一的水稻种子在 100 mL 浓度为 5% 的 NaClO 溶液中浸泡 30 min 后，用去离子水反复冲洗 5 次，均匀播撒于育苗盘上，在去离子水中进行第一阶段培养。待水稻幼苗长至两叶一心期，将其转移至盛有 1/10 Hoagland 营养液的 8 L 水培箱中进行第二阶段培养。待水稻幼苗长到三叶一心期，挑选长势一致的幼苗，在去离子水中缓苗 1 d 后，放置于含有 1/10 Hoagland 营养液并添加有 2.7 μmol/L $CdCl_2$ 的 8 L 水培箱中继续进行培养，每隔 3 d 进行一次喷施处理，共喷施 4 次。水培试验的整个过程均在人工气候室内完成。人工气候室条件参数：

昼夜时间为 16 h/8 h，昼夜温度为 25℃ /20℃，白天光照 105 µmol/（m² · s），相对湿度为 60%。

水稻幼苗的 Cd 胁迫浓度统一设定为 2.7 µmol/L 的 CdCl₂ 溶液。分别用 pH 值 7.4 的磷酸缓冲液 10 mL 溶解适量 DMSA，用蒸馏水稀释至 300 mL 配制成浓度为 0.2 mmol/L、0.4 mmol/L 和 1.0 mmol/L 的 DMSA 溶液，每个喷施处理浓度设定 5 次重复，同时设定只喷施含有 10 mL 磷酸缓冲液用蒸馏水稀释至 300 mL 的对照处理（CK）。待水稻幼苗转移至水培箱中经 Cd 胁迫 3 d 后，立即进行第一次 DMSA 喷施处理，以后每隔 3 d 喷施处理一次，共计喷施 4 次。最后一次喷施处理 3 d 后采集样品，喷施试验在水培箱中共计持续 15 d。

为研究喷施 DMSA 对水稻幼苗 Cd 胁迫的缓解机制，在上述 4 个处理基础上同时增加未经 Cd 胁迫且仅喷施含 10 mL pH 值 7.4 的磷酸缓冲液用蒸馏水稀释至 300 mL 的完全空白对照处理（CK0）和未经 Cd 胁迫仅喷施 1.0 mmol/L DMSA 的对照处理（CK1），其他处理和采样时间同上。

2.1.2 测定方法

2.1.2.1 Cd 及 6 种矿质元素含量的测定

用于测定 Cd 及 K、Ca、Mg、Mn、Fe 和 Zn 6 种矿质元素含量的样品，先经 5 mmol/L 的 CaCl₂ 浸泡漂洗幼苗根系 10 min，再用去离子水反复冲洗根系表面，然后用吸水纸吸干表面水分，用剪刀将水稻幼苗的根部与地上部分开，装入信封，放入烘箱于 105℃ 杀青 20 min，置于 75℃ 下烘干至恒重。

参照潘瑶等（2015）报道的方法，用剪刀将烘至恒重的样品剪碎，称取根系样品 0.1 g、地上部样品 0.25 g。将称好后的样品放入消解管中，加 7 mL 优级纯硝酸浸泡过夜。将消解管放入 ED54 消解仪上，于 110℃ 加热消煮 2.5 h。待消解液冷却至室温后，加入 1 mL H₂O₂ 混匀待反应平缓后继续于 110℃ 加热 1.5 h，将消煮管的盖子取下然后将消解仪温度调至 170℃ 赶酸至管内仅剩余 0.5 mL 左右，再用去离子水将消解液稀释并转移至 25 mL 容量瓶定容，用于全 Cd 含量及 6 种矿质元素含量的测定。用原子吸收光谱仪测定样品中 Cd 含量，用 ICP-MS 测定样品中 K、Ca、Mg、Mn、Fe 和 Zn 含量。本方法对 7 种元素的回收率均在 95%～105%，检出限在 0.3～5.5 µg/kg。

2.1.2.2　抗氧化系统相关指标的测定

将收集到的用于抗氧化系统相关指标测定的样品，先用去离子水反复冲洗根系表面，再用剪刀分开地上部和根系，立即在液氮中研磨，待酶活测定。采用酶试剂盒法测定水稻幼苗地上部和根部 MDA、GSH 含量及 CAT、SOD 酶活性。试剂盒购自苏州科铭生物技术有限公司。按照使用说明书进行操作：用分析天平称取约 0.1 g 新鲜叶片或根系，加入 1 mL 提取液，冰浴匀浆，4℃ 条件下以 8 000 × g 离心 10 min 后取上清，冰浴保存，待测。样品吸光值测定采用紫外可见分光光度计。

2.1.3　叶面喷施 DMSA 对水稻幼苗 Cd 和 6 种矿质元素含量的影响

由图 2.1 可见，喷施 DMSA 后幼苗地上部 Cd 含量随着喷施浓度增加呈现出显著降低趋势，但对水稻幼苗根部 Cd 含量无显著影响。与对照处理相比，叶面喷施 0.2 mmol/L、0.4 mmol/L 和 1.0 mmol/L DMSA 可使水稻幼苗地上部 Cd 含量分别降低 22.1%、39.7% 和 43.5%。随着 DMSA 喷施浓度的增加，水稻幼苗地上部 Cd 含量呈现出逐渐降低的趋势。

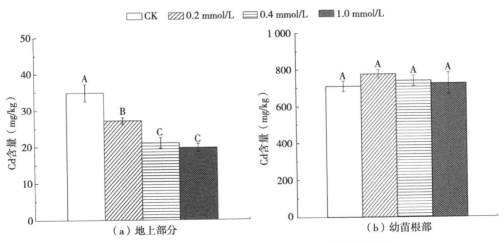

图 2.1　叶面喷施 DMSA 对水稻幼苗 Cd 含量的影响

（不同大写字母表示处理间差异达到 5% 显著水平）

由图 2.2 可见，水稻幼苗叶面分别喷施 0.2 mmol/L、0.4 mmol/L 和 1.0 mmol/L DMSA 处理后，对水稻幼苗地上部及根系中必需矿质营养元素 K、Ca、Mg、Mn、Fe 和 Zn 的含量均未造成显著影响。

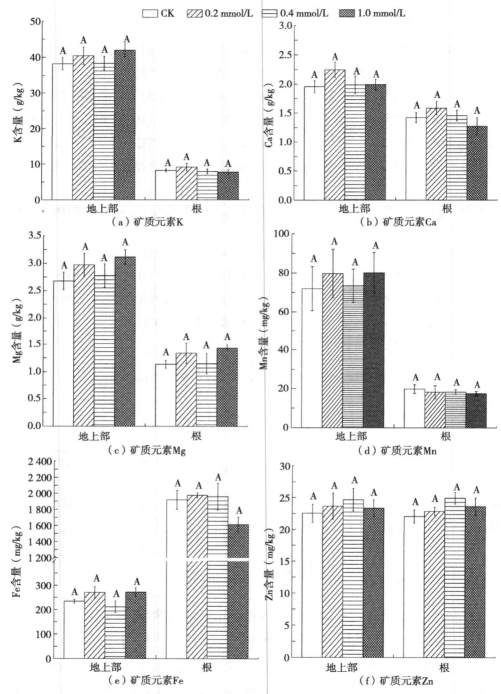

图2.2 喷施 DMSA 对水稻幼苗矿质元素含量影响

（不同大写字母表示处理间差异达到 5% 显著水平）

2.1.4　叶面喷施 DMSA 对水稻幼苗 TF 的影响

元素的 TF 为不同器官间金属元素含量的比值：TF$_{地上部/根}$＝地上部金属元素含量/根部金属元素含量。该指标表征了元素在水稻体内不同器官间的迁移能力。由图 2.3a 可见，当喷施 DMSA 4 次后显著降低了 Cd 由水稻根部向地上部的 TF。随着 DMSA 喷施浓度增加，喷施 4 次后 Cd 的 TF$_{地上部 Cd/根部 Cd}$ 呈现出显著下降趋势。与对照相比，喷施 0.2 mmol/L、0.4 mmol/L 和 1.0 mmol/L 的 DMSA 使 Cd 的 TF 分别降低 23.6%、38.5% 和 45.0%。

由图 2.3b 可见，水稻幼苗中早 35 对 K、Mn、Mg 和 Ca 这 4 种元素的富集能力较强（TF＞1），但是对 Zn 和 Fe 的富集能力则较低（TF≤1）。喷施 DMSA 处理 4 次后，对水稻幼苗矿质元素 K、Ca、Mg、Mn、Fe 和 Zn 的 TF 未造成显著影响，表明喷施 DMSA 对水稻幼苗吸收和转运矿质元素未造成影响。

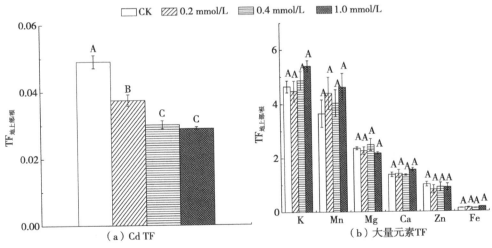

图 2.3　喷施 DMSA 对水稻幼苗 TF 的影响

（不同大写字母表示处理间差异达到 5% 显著水平）

2.1.5　叶面喷施 DMSA 对水稻幼苗抗氧化系统的影响

喷施 4 次 DMSA 后，对水稻幼苗酶活性及 MDA 和 GSH 含量影响如图 2.4 所示。

由图 2.4a 可见，与 CK0 相比，CK1 即可使水稻幼苗叶片和根部 MDA 含量呈现增加趋势，但是 2 个处理间差异未达显著程度，表明仅喷施 4 次高浓度 DMSA 即可对水稻幼苗造成轻微损伤。CK 与 CK0 相比显著增加了地上部和根部的 MDA 含量。分别喷施 0.2 mmol/L 和 0.4 mmol/L 的 DMSA 后，显著降低了水稻幼苗地上部的 MDA 含量，使地上部 MDA 含量降到与 CK0 同一水平，说明喷施低浓度的 DMSA 即可对 Cd 胁迫造成的氧化损伤产生显著缓解作用。但是，当喷施的 DMSA 浓度增加到 1 mmol/L 时，地上部 MDA 含量则出现反弹回升现象，表明过量的 DMSA 对水稻幼苗地上部具有一定的损伤作用。喷施 DMSA 后对水稻根部 MDA 含量也有一定影响，随着喷施 DMSA 浓度的升高，根部 MDA 含量也呈现出逐渐降低的趋势，说明对根部氧化损伤也有一定程度的缓解作用。

由图 2.4b 可见，CK1 与 CK0 相比地上部 GSH 含量无显著差异。CK 地上部 GSH 含量与 CK0 相比显著上升，喷施 DMSA 后地上部 GSH 含量出现降低趋势。根部 GSH 含量的变化情况与地上部类似，也表现为 Cd 胁迫诱导增加了 GSH 含量，喷施 DMSA 后则表现出 GSH 含量降低趋势。

由图 2.4c 可见，CK1 显著增加了水稻幼苗地上部 SOD 酶活性，与 CK0 相比酶活性增加 48.8%，表明喷施高浓度 DMSA 对 SOD 酶活性具有显著的刺激作用。而 CK 则显著抑制了地上部 SOD 酶活性，与 CK0 相比酶活性降低 31.5%。当喷施 0.2 mmol/L 和 0.4 mmol/L 的 DMSA 后使地上部 SOD 酶活性恢复到与 CK0 差异不显著水平，当 DMSA 喷施浓度达到 1.0 mmol/L 时 SOD 进一步显著增加，此时 SOD 酶活性在 DMSA 的刺激作用下已超出 CK0 44.0%。仅喷施高浓度的 DMSA 对根部 SOD 酶活性与 CK0 处理相比未见显著影响，经 Cd 胁迫处理后根部 SOD 酶活性显著降低 36.5%，但是喷施不同浓度的 DMSA 后对根部 SOD 酶活性未见显著影响。

由图 2.4d 可见，与 CK0 相比，喷施 4 次高浓度的 DMSA 对水稻幼苗地上部和根部 CAT 酶活性均未造成显著影响。但是，CK 地上部 CAT 酶活性出现显著降低。喷施 DMSA 后水稻幼苗地上部 CAT 酶活性表现出随 DMSA 喷施浓度增加而升高的趋势，喷施低浓度的 DMSA 即可使 CAT 酶活性恢复到与 CK0 差异不显著水平。CK 根部 CAT 酶活性与 CK0 相比也出现显著降低，降幅达 30.2%。喷施不同浓度的 DMSA 后未对根部 CAT 酶活性造成显著影响。

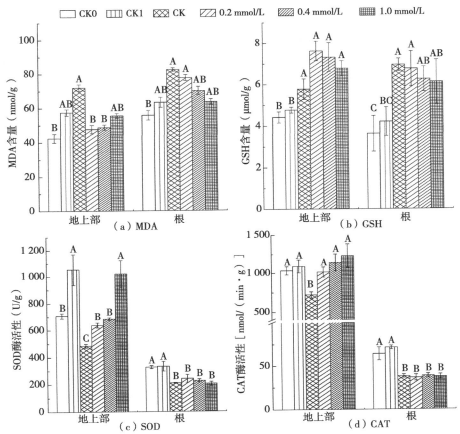

图 2.4　喷施 DMSA 对水稻幼苗抗氧化酶及 GSH、MDA 含量影响

（不同大写字母表示处理间差异达到 5% 显著水平）

2.1.6　讨论与结论

Cd 是一种对植物和人体均有毒害作用且非必需的重金属元素（Rizwan et al.，2017）。1993 年，国际肿瘤研究协会将 Cd 定义为Ⅰ类（Group Ⅰ）致癌物。由于农田 Cd 污染的隐蔽性、累积性和长期性以及不同品种间 Cd 累积能力差异较大等原因，农田水稻 Cd 污染治理技术开发难度较大。已有研究表明，在水培条件下外源添加 Mn^{2+}、Zn^{2+} 通过与 Cd^{2+} 形成离子拮抗能显著抑制根系对 Cd 的吸收和向地上部的转运（Sasaki et al.，2012；Nakanishi et al.，2006）。叶面喷施 Zn（Wang et al.，2018）、Si（Liu et al.，2009）、Se（Gao et al.，2018）和小分子酸类物质（张烁 等，2018）等可以显著降低水稻籽粒中 Cd 含量。可见，叶面喷施技术是一种可以显著影响 Cd 在水稻体内转运的农艺调控措施。

由于植物生长不需要重金属，因此，植物没有专用的重金属转运子，重金属进入植物主要借助金属阳离子通道。Cd^{2+} 主要经 Fe^{2+}（Nakanishi et al.，2006）、Mn^{2+}（Gao et al.，2018）转运子运输进入水稻根系。Cd^{2+} 跨过脂膜进入根细胞后一部分在富含巯基的 PCs 和 GSH 作用下形成螯合物（Gill et al.，2011），另一部分则在 OsHMA3 转运子运输下被转运到液泡中并和高分子量 PCs 结合储存在液泡内（Sasaki et al.，2014），只有未被巯基络合的 Cd^{2+} 才有可能被 OsHMA2 转运子运输到地上部茎叶中（Satoh-Nagasawa et al.，2011）。水稻受到 Cd 胁迫后通过启动应急机制合成富含巯基的螯合物，不仅降低了 Cd 对植物的胁迫效应而且在一定程度上也降低了 Cd 向地上部的转运，是水稻重要的自身防御机制。

在植物体内，S 代谢的最终产物 Cys 为植物合成 PCs 和 GSH 提供了前体物质（Nocito et al.，2006）。植物主要以硫酸盐的形式从土壤溶液中获得 S，此外还可以通过叶片从空气中以二氧化硫和硫化氢的形式获得 S（Gill et al.，2011）。本研究中通过叶面喷施 DMSA，显著降低了 Cd 在水稻幼苗茎叶中的累积量，连续喷施 4 次 DMSA 地上部茎叶中 Cd 累积量与对照相比降低幅度达到 23.58%～45.03%，对水稻幼苗根部 Cd 含量则未造成显著影响，说明喷施 DMSA 降低了 Cd 向地上部转运，但是对根部 Cd 吸收未造成显著影响。本研究推断，在水稻苗期喷施 DMSA，一方面可能与水稻幼苗体内的 Cd^{2+} 形成螯合物降低了 Cd 向地上部转运；另一方面喷施的 DMSA 中含有的硫醇（—SH）基团可能进入植物自身的 S 代谢循环增加了 Cys 的产量，促进了 PCs 的生物合成，从而降低了 Cd 向地上部的转运。

水稻是我国第一大粮食作物，然而水稻中多种矿质元素尤其是人体必需营养元素 Fe、Zn 含量较低（Yuan et al.，2013）。儿童缺 Zn 可能导致生长迟缓、生殖系统发育不健全。成人缺 Zn 可引发尿毒症、贫血等症状（Prasad et al.，1996）。Fe 在大脑代谢过程中发挥重要作用，是神经递质合成及代谢酶的辅酶，还参与人体能量代谢过程（Zecca et al.，2004）。其他常见金属阳离子 K、Ca、Mg 和 Mn 也对人体健康发挥重要作用。任何降低水稻籽粒 Cd 含量的同时伴随降低必需营养元素的农艺措施都可能给人体健康带来潜在风险。动物试验表明，给动物注射 DMSA 后可以起到缓解 Cd 毒性的作用，同时不会降低动物肌肉组织内的必需金属离子浓度。本试验研究了喷施 DMSA 对水稻幼苗地上部和根部 K、Ca、Mg、Mn、Fe 和 Zn 这 6 种常见必需矿质营养元素的影响，结果发现喷施 DMSA 对这 6 种营养元素无显著影响，表明 DMSA 拥有成为水稻降 Cd 叶面调理剂的潜力。

植物遭受 Cd 胁迫后会产生过量氧自由基，影响植物体内抗氧化酶酶活性，破坏细胞膜系统、蛋白质和核酸等生物大分子，抑制水稻叶绿素合成和植株生长（张金彪 等，2000）。MDA 是植物组织在逆境胁迫下产生过量氧自由基使膜脂遭受氧化损伤的产物，反映细胞膜脂过氧化程度和植物对逆境条件反应的强弱（章秀福 等，2006）。MDA 已经成为反映植物遭受逆境胁迫程度的重要生理生化指标（王阳阳 等，2009）。在本研究中，水稻幼苗经 Cd 胁迫处理后地上部和根部 MDA 含量与未经胁迫处理的 CK 相比均显著提高，但是经喷施 DMSA 处理后地上部 MDA 含量迅速降低到与 CK0 MDA 含量同一水平，说明喷施 DMSA 有效缓解了 Cd 胁迫产生的氧化损伤作用。

随着 DMSA 喷施浓度升高根部 MDA 含量也出现降低趋势，但是降低幅度没有达到显著程度，这可能与根部累积 Cd 浓度较高有关。GSH 含量变化趋势与 MDA 相类似，随着 DMSA 喷施浓度增加地上部 GSH 含量出现逐渐降低趋势，而根部降低趋势则相对较弱，表明 Cd 对水稻的胁迫效应降低后 GSH 的诱导合成量也相应减少。在本研究中，CK 的幼苗 SOD 和 CAT 酶活性与 CK0 相比出现显著降低。但是喷施较低浓度 DMSA 即可显著提高地上部 SOD 和 CAT 酶活性且酶活性随喷施浓度增加出现增加趋势，但是对根部 SOD 和 CAT 酶活性影响不显著。表明喷施 DMSA 可以显著降低水稻幼苗地上部的 Cd 胁迫效应。但同时需要注意的是，喷施高浓度 DMSA 对植物有一定的损伤作用，应用过程中应注意喷施浓度，这一结果对田间应用具有指导意义。

综上所述，叶面喷施 DMSA 可显著降低 Cd 在水稻幼苗地上部的累积。叶面喷施 DMSA 对水稻幼苗微量元素含量影响不显著。与 CK 相比，喷施 DMSA 后根系和地上部茎叶组织中常见 6 种矿质元素 K、Ca、Mg、Mn、Fe 和 Zn 浓度均未发生显著变化。叶面喷施 DMSA 显著缓解了 Cd 对水稻幼苗的胁迫效应。喷施 DMSA 后使地上部茎叶组织中的 MDA 和 GSH 含量显著降低，同时使 CAT 和 SOD 酶活性得到显著回升。DMSA 有可能用于防治水稻 Cd 污染，具有良好的应用前景。

2.2 喷施 DMSA 对晚稻籽粒 Cd 及矿质元素含量影响

本研究于水稻开花期叶面喷施一次 DMSA：①探索了喷施 DMSA 调控水稻韧皮部 Cd 转运降低水稻籽粒中 Cd 含量的可行性；②探讨了 DMSA 降低水稻籽粒中 Cd 含量的潜在机制。

2.2.1　试验材料与试验设计

2.2.1.1　试验地点与试验材料

在湖南省湘阴县鹤龙湖镇黄花岭村选择土壤和稻米 Cd 含量均超标的水稻田进行试验。试验田土壤类型为水稻土，其基本理化性质：pH 值 6.21，有机质 20.41 g/kg，全氮 0.173%，全磷 0.019%，全钾 1.3%，速效钾 83.87 mg/kg，有效磷 16.2 mg/kg，阳离子交换量 18.92 cmol/kg，Cd 含量为 0.71 mg/kg，Mn 含量为 360.71 mg/kg，Zn 含量为 172.71 mg/kg。

以当地主栽品种黄华占为试验材料，种子购于当地种子公司。DMSA 购置于中国医药集团有限公司，分析纯。

2.2.1.2　试验设计

田间小区面积设定为 10 m²（5 m × 2 m）。试验小区共分 1 个对照处理组（CK）和 3 个试验处理组，每个处理组重复 4 次。分别将称取的适量 DMSA 溶于 1 mol/L 的 KOH 溶液中，用田间灌溉水稀释至 2 L，用 0.5 mol/L 的 HCl 调节 pH 值 8.0～8.5，分别配制成 2 mmol/L、3 mmol/L、4 mmol/L、5 mmol/L 的 DMSA 水溶液。于水稻开花期向叶面手动均匀喷施处理液一次。CK 喷施 2 L 调节至 pH 值 8.0～8.5 田间灌溉水。

水稻采用旱育秧方式，于 2018 年 7 月 18 日移栽。施肥方法依照水稻测土配方施肥技术，每公顷施用尿素 398 kg、钾肥 210 kg，其中基肥占总施肥量的 62%，分蘖肥占总量的 29%，穗粒肥占总量的 9%。整个生育期无显著病虫害发生。

2.2.1.3　样品的采集与处理

于水稻成熟期，选取小区中心长 3.0 m、宽 1.5 m 处喷施较为均匀部分，用铁锹每小区随机连根挖取 3 株水稻植株，装入网袋。常温自然风干后手动将水稻植株分为籽粒、穗轴、穗颈、旗叶、顶端第一节、顶端第二节、顶端第二叶、顶端第二节间、基部茎叶、根，共计 10 部分。用蒸馏水漂洗 3 次后于 70 ℃烘干 72 h，晾至室温后将各部分磨粉，分别收集于自封袋中，以备消解。

2.2.2　测定方法

Cd 及 6 种水稻矿质营养元素的测定方法同 2.1.2.1。

2.2.3　DMSA 对水稻不同器官中 Cd 含量影响

由图 2.5a 可见，籽粒中 Cd 含量随着 DMSA 喷施浓度增加表现出显著的降低趋势，与 CK 相比籽粒中 Cd 含量降低幅度在 15.84%～46.09%。但是，当 DMSA 使用浓度高于 4 mol/L 时籽粒中 Cd 含量未表现出持续下降，表明继续增加 DMSA 用量已不能起到持续降低籽粒 Cd 含量的效果；穗轴 Cd 含量也表现出显著下降趋势，不同处理间 Cd 降低幅度在 10.03%～41.41%，同样当 DMSA 喷施浓度高于 4 mol/L 时穗轴中 Cd 含量也未出现持续降低现象。

由图 2.5b 可见，喷施 DMSA 后不同处理间旗叶中 Cd 含量与 CK 相比未出现显著差异，但是穗颈和顶端第一节中 Cd 含量出现显著降低，2 种器官中 Cd 含量与 CK 相比的降低幅度在 9.13%～28.46% 和 18.30%～38.32%。

由图 2.5c 可见，喷施 DMSA 后不同处理间顶端第二叶和顶端第二节中 Cd 含量与 CK 相比未出现显著差异，但是顶端第二节间中 Cd 含量则呈现出随着 DMSA 喷施浓度增加显著降低趋势，降低幅度在 11.00%～34.76%。

由图 2.5d 可见，喷施 DMSA 后不同处理间基部茎叶和根中 Cd 含量无显著差异。

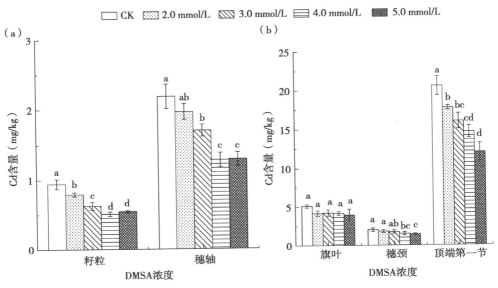

图 2.5　喷施 DMSA 对水稻各器官中 Cd 含量的影响

（不同小写字母表示处理间差异达到 5% 显著水平）

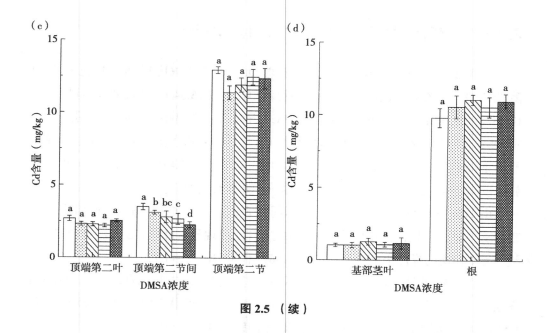

图 2.5 （续）

2.2.4 喷施 DMSA 对水稻 Cd TF 影响

由图 2.6a 可见，在水稻开花期叶面喷施一次 DMSA 后，Cd 由穗颈向穗轴的 TF$_{穗轴/穗颈}$随着 DMSA 喷施浓度的增加表现出逐渐降低的趋势，但不同处理间 TF 的差异尚未达到显著水平。由图 2.6b 可见，当喷施 DMSA 后，Cd 由旗叶向顶端第一节的 TF 发生了显著变化，随着 DMSA 喷施浓度的增加，Cd 由旗叶向顶端第一节的 TF$_{顶端第一节/旗叶}$呈显著降低趋势，表明喷施 DMSA 后减少了 Cd 由旗叶向顶端第一节的转运。开花期喷施 DMSA 后，对 Cd 在其他器官间的 TF 没有显著改变，表明喷施 DMSA 对 Cd 在其他器官间的迁移转运没有显著影响。

2.2.5 喷施 DMSA 对籽粒和穗轴中 6 种矿质元素含量影响

于水稻开花期叶面喷施一次 DMSA，对水稻籽粒和穗轴中的矿质元素含量影响如图 2.7 所示。由图 2.7a、图 2.7b、图 2.7c、图 2.7d、图 2.7e 可见，喷施 DMSA 对水稻籽粒和穗轴中的 K、Mg、Ca、Fe、Zn 含量影响不大，4 个处理中矿质元素含量与 CK 相比未形成显著性差异。但是，当喷施高浓度 DMSA 后对籽粒和穗轴中的 Mn 含量造成显著性影响（图 2.7f），与 CK 相比喷施 DMSA 导致籽粒和穗轴中 Mn 含量分别降低 5.79%～17.87% 和 13.51%～24.21%，表明水稻开花期叶面喷施 DMSA 影响了 Mn 向水稻籽粒中转运。

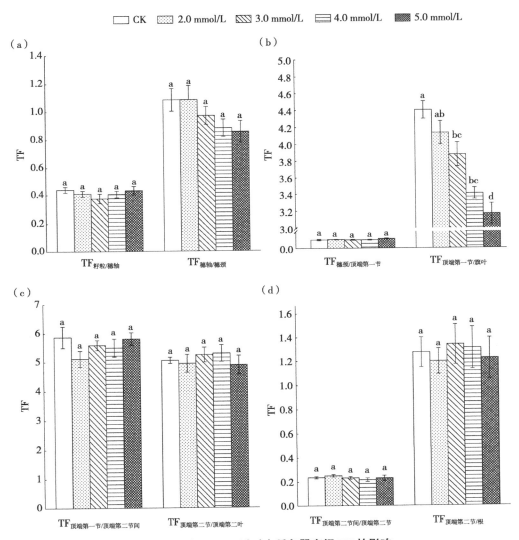

图 2.6　喷施 DMSA 后对水稻各器官间 TF 的影响

（不同小写字母表示处理间差异达到 5% 显著水平）

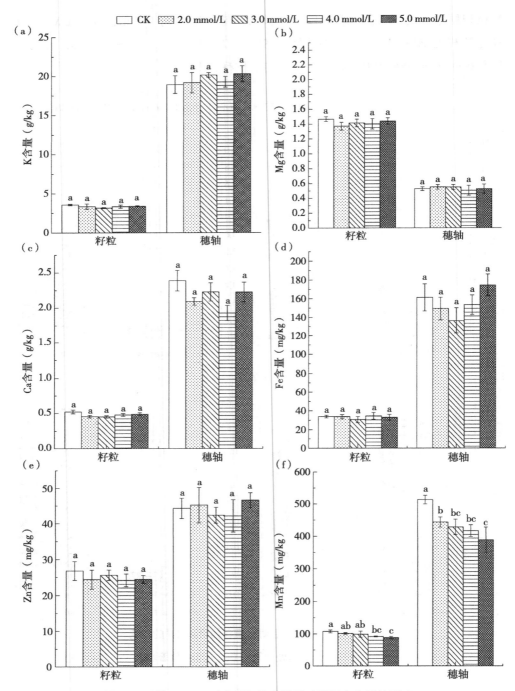

图 2.7　喷施 DMSA 对水稻籽粒和穗轴矿质元素含量的影响

（不同小写字母表示处理间差异达到 5% 显著水平）

2.2.6　讨论与结论

动物试验表明，DMSA 在体内通过分子中含有的 2 个巯基与 Cd 形成稳定的螯合物，最终以螯合态排出体外从而达到降低 Cd 毒性的目的（Miller et al.，1998；Chisolm et al.，2000）。有研究表明，Cd 在水稻韧皮部伤流液中大部分与蛋白类、PCs 等物质以结合态存在，小部分以离子形式存在（Kato et al.，2010）。蛋白螯合态的 Cd 并非一种稳定形态，当遇到蛋白激酶后又会重新释放出 Cd^{2+}。当 DMSA 进入水稻体内后可与 Cd^{2+} 竞争性结合形成螯合物。植物自身也可合成多种含有巯基的解毒化合物，如 PCs（罗洁文 等，2016）、GSH 等（冯倩 等，2010），它们都可以与 Cd^{2+} 形成稳定的化合物并储存在植物液泡等器官中，不仅降低了 Cd 对植物的胁迫效应而且在一定程度上也降低了 Cd 向地上部的转运。据此推断，在水稻开花期叶面喷施 DMSA 主要是通过与水稻叶片等组织中的 Cd^{2+} 形成螯合物降低了 Cd 向籽粒中的转运。

喷施 DMSA 降低籽粒中 Cd 含量的机制与喷施 Zn^{2+}（吕光辉 等，2018）、Mn^{2+}（尹晓辉 等，2017）等通过离子拮抗降低 Cd 向水稻籽粒中转运导致籽粒中 Cd 含量降低的机制有所不同，也与喷施 Si（Liu et al.，2009）增加水稻茎和叶片细胞壁固持 Cd 能力降低 Cd 向籽粒转运的机制不同。为降低水稻籽粒中 Cd 含量，育种学家引入了基因编辑技术。当敲除负责调控水稻转运 Cd 和 Mn 的 Nramp5 基因后，无论是粳稻还是籼稻籽粒中 Cd 和 Mn 浓度都出现大幅降低，其中 Mn 浓度可下降 80% 以上。在本研究中，喷施 DMSA 对水稻籽粒和穗轴中必需营养元素 K、Mg、Ca、Fe、Zn 的含量无显著影响，但是在降低籽粒中 Cd 含量的同时也显著降低了籽粒中 Mn 的浓度。喷施 DMSA 后是否影响了 Nramp5 等基因的表达仍有待进一步研究。

关于水稻籽粒中 Cd 的来源日本学者给出了相互矛盾的结论。Fujimaki 等（2010）利用 ^{107}Cd 同位素示踪技术的研究结果表明，在灌浆期水稻从土壤中吸收的 Cd 被运送到籽粒。Kashiwagi 等（2009）研究表明，水稻籽粒中 Cd 主要来自抽穗前累积在叶片和茎秆中的 Cd，抽穗后从根运送到茎秆和穗部的 Cd 不影响糙米中 Cd 的累积。喻华等（2018）进一步研究表明，在田间情况下，水稻齐穗后土壤中有效 Cd 含量较低时，籽粒中的 Cd 同时来自土壤和水稻体内在齐穗前累积的 Cd。叶片是向籽粒净转移 Cd 的主要器官，叶片衰老期 Cd 通过韧皮部向籽粒转移是 Cd 再分配的主要过程（Yan et al.，2010）。在本研究中，随着 DMSA

喷施浓度增加水稻籽粒中 Cd 含量呈现出显著降低趋势，最高降幅达到 46.09%，而旗叶中 Cd 含量则未出现显著降低，表明喷施 DMSA 降低了旗叶中 Cd 经顶端第一节向籽粒转运，对水稻籽粒 Cd 含量的降低具有较大贡献。Feng 等（2017）的研究表明，水稻的根和节是 Cd 进入水稻地上部的主要障碍，这 2 个部位的 Cd 含量最高，当外界有效 Cd 含量较低时，进入水稻体内的大部分 Cd 被固定到这 2 个部位，这时水稻器官中 Cd 的再转运成为籽粒中 Cd 的主要来源。在本研究中开花期喷施 DMSA 后显著降低了顶端第一节中 Cd 含量，此现象与喷施纳米 Si 降低籽粒 Cd 含量的现象一致，表明顶端第一节中 Cd 含量的降低对籽粒 Cd 降低也具有较大贡献。

当开花期叶面喷施 DMSA 后，显著降低了 Cd 由旗叶向顶端第一节的 $TF_{顶端第一节/旗叶}$。同时 Cd 由穗颈向穗轴的 $TF_{穗轴/穗颈}$ 也出现降低趋势但并未达到显著程度，其他器官中 Cd 的 TF 并未见发生显著变化。此结果与喷施 DMSA 后水稻叶片中 Cd 含量未见显著变化相互印证。说明喷施 DMSA 后影响籽粒中 Cd 含量降低的主要因素是降低了叶片 Cd 向籽粒输送。目前，利用 DMSA 阻控 Cd 向水稻籽粒中转运的研究鲜有报道，同时也未见 DMSA 是否对植物生长有负面影响的报道。本研究中同时开展了喷施 DMSA 对水稻产量影响的研究，稻谷产量与 CK 相比未见显著性差异。当 DMSA 的喷施浓度超过 4 mmol/L 时水稻籽粒和穗轴中 Cd 含量并未出现持续降低，此结果为农业生产实践中 DMSA 的实际用量提供了指导。

综上所述，在水稻开花期叶面喷施 DMSA 可以显著降低籽粒中 Cd 含量。田间试验表明，喷施一次 DMSA 籽粒中 Cd 最高降幅可达 46.09%。旗叶 Cd 向顶端第一节中的迁移率降低对籽粒 Cd 含量降低有较大贡献率。喷施 DMSA 后，显著降低了 Cd 由旗叶向顶端第一节中的 $TF_{顶端第一节/旗叶}$，表明与 CK 相比旗叶中 Cd 向籽粒中转运量显著减少。

2.3　喷施 DMSA 降低水稻幼苗地上部 Cd 含量机制

本研究借助水培试验，系统研究叶面喷施 DMSA 对 Cd 在水稻幼苗根、茎基、茎叶等不同器官中分布的影响以及对水稻幼苗营养器官 Cd 胁迫的缓解作用。利用分步提取技术研究喷施 DMSA 对水稻幼苗不同营养器官中 Cd 化学形态的影响，采用差速离心技术研究 Cd 在幼苗茎基中的亚细胞分布情况，借助高效液相色谱分析茎基中总 PCs 和 GSH 含量。在此基础上，进一步探究 Cd 在水稻茎基细胞壁不同组分包括果胶、半纤维素、纤维素中的分布情况，揭示喷施 DMSA 降低水稻幼苗地上部 Cd 含量的潜在机制。

2.3.1　试验材料与试验设计

以我国南方主栽水稻品种之一中早 35 作为试验材料。挑选饱满均一的种子在 H_2O_2 水溶液中浸泡消毒 30 min 后用去离子水反复冲洗多次，均匀地铺在育苗盘上，在去离子水中进行第一阶段培养。待种子发芽后移至人工气候室内，直至水稻幼苗长至两叶一心期，将其转移至盛有 1/10 Hoagland 营养液的水培箱中进行第二阶段培养，随时观察水稻幼苗生长情况并补充营养液。待水稻幼苗长至三叶一心期，挑选长势一致的幼苗在去离子水中饥饿处理 1 d 后转移至含有 2.7 μmol/L $CdCl_2$ 的 1/10 Hoagland 营养液中继续进行培养 3 d，待喷药处理。水培试验过程在人工气候室内完成。人工气候室条件参数为昼夜时间 16 h /8 h，昼夜温度为 28℃ /20℃，相对湿度 60%。

水稻幼苗在 96 孔水培箱中进行培养，每孔种植 3 株水稻幼苗，每箱共计 288 株。水稻幼苗 Cd 胁迫浓度统一设定为 2.7 μmol/L。将适量 DMSA 溶于 pH 值 7.4 的磷酸缓冲液中，用蒸馏水稀释至 300.0 mL 分别配制成浓度为 0.2 mmol/L、0.4 mmol/L 和 1.0 mmol/L 的 DMSA 溶液，每个浓度喷施处理设定 5 次重复，每次重复喷施 288 株幼苗，5 次重复共计 1 440 株幼苗，同时设定只喷施磷酸缓冲液的 CK。待水稻幼苗转移至水培箱中经 Cd 胁迫处理 3 d 后，立即进行第一次 DMSA 喷施处理，以后每隔 3 d 喷施处理一次，共计喷施 4 次。最后一次喷施处理 3 d 后采集样品。采集的幼苗样品用剪刀分为根、茎基及地上部 3 个部分分别装于信封中，然后放入 70℃烘箱中烘干后备用。

2.3.2　测定方法

2.3.2.1　Cd 测定方法

参照 Gutsch 等（2018）方法测定水稻营养器官中 Cd 含量。将烘干后的植株样品取出并研磨成粉。准确称取粉碎后的根部样品 0.15 g，茎基样品 0.1 g，地上部样品 0.25 g。将称取的样品置于消煮管中，加入 7.0 mL 的 MOS 级浓 HNO_3 浸泡过夜。在电热消解仪上于 110℃下加热消解 2.5 h，待样品冷却至室温后加入 1.0 mL 的 H_2O_2 继续消解 1.5 h，将温度升至 170℃继续消解至管内剩余硝酸体积小于 0.5 mL 后停止加热。待降至室温后用去离子水转移定容至 25.0 mL。用原子吸收光谱仪测定样品中 Cd 含量。

2.3.2.2　Cd 化学形态的测定方法

采用分步提取法测定水稻样品中 Cd 的化学形态，参照 Guan 等（2018）方法进行试验。提取剂依次为 80.0% 乙醇（F_E）、去离子水（F_W）、1.0 mol/L 的氯化钠（F_{NaCl}）、2.0% 醋酸（F_{HAC}）、0.6 mol/L 盐酸（F_{HCl}）。准确称取 3.0 g 新鲜的水稻幼苗样品加入 20.0 mL 提取剂于低温下匀浆，在 25℃下恒温振荡 22 h 后以 $3\,000 \times g$ 离心 10 min，倒出上清液。再向离心管中加入同种 20.0 mL 提取剂于 25℃恒温振荡 2 h 重复提取一次，$3\,000 \times g$ 离心 10 min，合并两次上清液于聚四氟乙烯消煮管中。经 HNO_3-H_2O_2 消解后，用原子吸收光谱仪测定样品 Cd 含量。将 F_E、F_W 组分合并在一起作为可溶性组分，其余组分作为难溶性组分。

2.3.2.3　Cd 亚细胞分布测定

参照 Xiao 等（2020）方法进行试验。称取新鲜的水稻幼苗样品 0.5 g，加入 20.0 mL 经预冷的匀浆缓冲液（0.25 mol/L SUC、50.0 mmol/L Tris-HCl 缓冲液和 1.0 mmol/L 二硫赤鲜糖醇），低温下匀浆。匀浆液过 80 μm 尼龙网再用提取液冲洗尼龙网 2 次，收集合并滤液，残余在尼龙网上的部分为细胞壁和细胞壁残基。滤液于 4℃下以 $20\,000 \times g$ 离心 45 min，上清液即为可溶性组分，沉淀为细胞器组分。参照 1.3.1 中方法采用 HNO_3-H_2O_2 消解，原子吸收光谱仪测定 Cd 含量。

2.3.2.4　细胞壁组分测定

称取水稻幼苗组织 0.5 g，经液氮冷却后研磨成粉末，用 75.0% 乙醇 3.5 mL × 2 转移至 15.0 mL 离心管中，在冰浴中静置 20 min。冷却后的匀浆液于 $1\,000 \times g$ 下离心 10 min，沉淀分别用 5.0 mL 冷冻丙酮，5.0 mL 甲醇-氯仿（1:1）、5.0 mL 甲醇洗涤 3 次。弃掉所有上清液，离心沉淀冷冻干燥隔夜。经过干燥的沉淀即为粗细胞壁组分：①果胶组分提取：向细胞壁粗提物中加入

5.0 mL 0.5% 草酸铵缓冲液（含有 0.1% NaBH$_4$），在沸水中提取 1 h，离心收集上清液；②半纤维素Ⅰ（HCⅠ）提取：步骤①中剩余沉淀用 5.0 mL 含有 0.1% NaBH$_4$ 的 4.0% KOH 水溶液常温提取 24 h，3 000×g 离心，上清液中即为 HCⅠ组分，离心收集沉淀用于下一步提取；③半纤维素Ⅱ（HCⅡ）提取：步骤②中离心获得沉淀继续用 5.0 mL 含有 0.1% NaBH$_4$ 的 24.0% KOH 溶液常温提取 24 h，3 000×g 离心，上清液中为 HCⅡ组分，沉淀继续用于下一步；④纤维素提取：剩余沉淀部分冻干作为纤维素组分。提取液经消解后用原子吸收光谱仪测定提取液中 Cd 含量。

2.3.2.5　PCs 和 GSH 含量测定

参照周蓉等（2015）方法测定样品中巯基化合物 PCs 和 GSH 含量。称取 0.5 g 新鲜的水稻样品置于液氮中研磨成粉末，转移至置 2.0 mL 的 EP 管中加入 1.0 mL 含有 0.1% 三氟乙酸（TFA）和 6.3 mmol/L 二乙基三胺五乙酸（DTPA）的提取缓冲液振荡混合均匀。于 4℃ 下 12 000×g 离心 10 min，取 250.0 μL 上清液分别加入 650.0 μL 的 HEPES 缓冲液和 25.0 μL 的 TCEP 溶液，混合均匀后于 25℃ 下孵育 5 min。再加入 20.0 μL 单溴二胺（mbbr）溶液，于 25℃ 避光条件下衍生化 30 min。衍生化结束后向混合液中加入 100.0 μL 1.0 mmol/L 的甲基磺酸（MSA）终止衍生化反应，经 0.22 μm 滤膜过滤后用 HPLC 测定巯基化合物含量，采用外标法定性、定量。将 PCs2、PCs3、PCs4 含量相加，作为总 PCs 含量。

2.3.2.6　H$_2$O$_2$ 含量测定

采用 2′,7′-二氯二氢荧光素二乙酯（DCFHA）标记法测定水稻根系和叶片 H$_2$O$_2$ 含量。准确称取 50.0 μmol/L 的 DCFHA 于容量瓶中，加入 pH 值 7.5 的 50.0 mmol/L 磷酸缓冲液充分溶解并定容至 1 000.0 mL。将水稻幼苗根系或叶片在配置好的 DCFHA 样品中浸泡 2 h 后取出，经 50.0 mmol/L 磷酸缓冲液反复冲洗 3 次后在荧光显微镜下观察荧光强度。激发波长 488 nm，发射波长 525 nm。

水稻组织的 CAT 与 SOD 酶活性采用试剂盒测定。

2.3.3　喷施 DMSA 对水稻幼苗地上部和根部 Cd 含量的影响

由图 2.8 可见，喷施 DMSA 后水稻地上部 Cd 含量随着 DMSA 喷施浓度的增加出现显著降低趋势。当 DMSA 喷施浓度达到 0.4 mmol/L 时，水稻幼苗地上部茎叶中 Cd 含量降低 27.8%，继续增加 DMSA 喷施浓度水稻幼苗地上部 Cd 含量与喷施 0.4 mmol/L 的 DMSA 相比继续出现降低趋势但未达显著降低程度，表明 0.4 mmol/L 的 DMSA 为最佳降 Cd 喷施浓度。

由图 2.9 可见，水稻幼苗根系中富集的 Cd 浓度较高，可以达到 1 200.0 mg/kg 以上。随着 DMSA 喷施浓度增加，水稻幼苗根部 Cd 含量未出现显著降低或升高趋势，表明喷施 DMSA 对水稻幼苗根部 Cd 含量无显著影响。

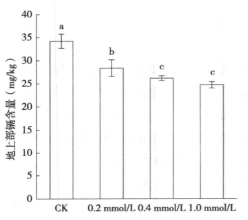

图 2.8　喷施 DMSA 对水稻幼苗地上部
Cd 含量影响

（不同小写字母表示处理间差异达到 5%
显著水平）

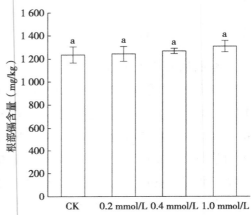

图 2.9　喷施 DMSA 对水稻幼苗根部
Cd 含量影响

（不同小写字母表示处理间差异达到 5%
显著水平）

2.3.4　喷施 DMSA 对水稻幼苗茎基 Cd 含量和 Cd 转移效率的影响

由图 2.10 可见，水稻幼苗茎基中富集了较高浓度的 Cd，CK 的幼苗茎基 Cd 含量达到 275.0 mg/kg。随着 DMSA 喷施浓度增加，水稻幼苗茎基中 Cd 含量呈现显著增加趋势。当 DMSA 喷施浓度达到 1.0 mmol/L 时茎基 Cd 含量达到 433.0 mg/kg，与 CK 相比茎基 Cd 含量增加了 47.4%。结果表明喷施 DMSA 显著增加了水稻茎基对 Cd 的富集能力。

由图 2.11 可见，随着 DMSA 喷施浓度的增加，Cd 由水稻幼苗根部向茎基的转移效率出现显著增加趋势。当喷施浓度达到 1.0 mmol/L 时根到茎基的转移效率（TF$_{茎基/根}$）增加了 45.5%。然而，Cd 由水稻幼苗茎基向地上部茎叶的转移效率（TF$_{茎叶/茎基}$）则出现显著降低趋势，当喷施浓度达到 1.0 mmol/L 时茎基到茎叶的转移效率显著降低了 52.7%。由以上数据表明，水稻茎基中累积了大量 Cd，改变了 Cd 由根到茎基以及由茎基到茎叶的转移效率。茎基中大量富集 Cd 降低了 Cd 由茎基向地上部茎叶转运。

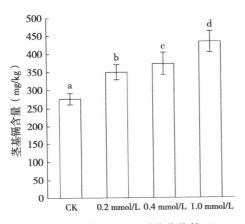

图 2.10　喷施 DMSA 对幼苗茎基 Cd 含量的影响

（不同小写字母表示处理间差异达到 5% 显著水平）

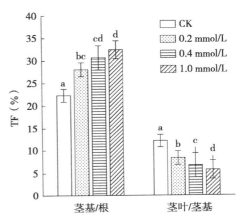

图 2.11　喷施 DMSA 对幼苗 Cd 转移效率的影响

（不同小写字母表示处理间差异达到 5% 显著水平）

2.3.5　喷施 DMSA 对水稻幼苗根部和茎基 Cd 形态的影响

由图 2.12 可见，水稻幼苗根部 Cd 主要以难溶态 Cd 形式存在，占根部总 Cd 含量的 75.0% 以上。随着 DMSA 喷施浓度的增加，各试验处理间根部难溶态 Cd 含量出现显著增加趋势，而可溶态 Cd 含量未出现显著变化。当 DMSA 喷施浓度达到 1.0 mmol/L 时，根部难溶态 Cd 含量与对照相比显著增加 18.1%。

由图 2.13 可见，水稻幼苗茎基中 Cd 的化学形态与根部 Cd 赋存形态相类似，大部分以难溶态 Cd 形式存在。随着 DMSA 喷施浓度的增加，水稻幼苗茎基部难溶态 Cd 含量出现显著增加趋势。当 DMSA 喷施浓度达到 1.0 mmol/L 时，难溶态 Cd 含量与对照处理相比显著增加 80.8%，但是喷施 DMSA 对茎基可溶态 Cd 含量无显著影响。

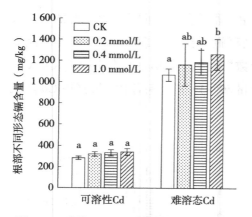

图2.12 喷施DMSA对水稻幼苗根部Cd形态的影响

（不同小写字母表示处理间差异达到5%显著水平）

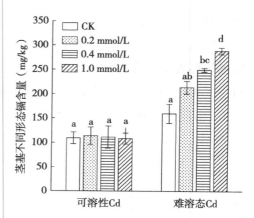

图2.13 喷施DMSA对水稻幼苗茎基Cd形态的影响

（不同小写字母表示处理间差异达到5%显著水平）

2.3.6 喷施DMSA对水稻幼苗茎基Cd亚细胞分布的影响

由图2.14可见，水稻幼苗茎基细胞壁中Cd含量最高。喷施DMSA后水稻幼苗茎基细胞壁中Cd含量随着DMSA喷施浓度的增加出现显著增加趋势。喷施浓度达到1.0 mmol/L时细胞壁中的Cd含量约是CK的2.1倍。但是，喷施DMSA对水稻茎基细胞器和可溶性组分中Cd含量无显著影响。由以上结果可见，茎基中的Cd主要沉积在茎基细胞壁中。

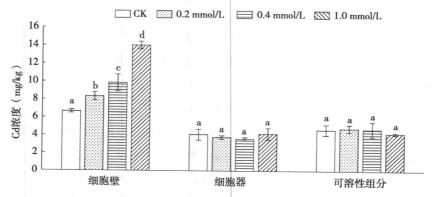

图2.14 喷施DMSA对水稻茎基Cd亚细胞分布的影响

（不同小写字母表示处理间差异达到5%显著水平）

2.3.7　喷施 DMSA 对 Cd 在细胞壁组分中分布的影响

由图 2.15 可见，水稻茎基细胞壁的果胶组分中 Cd 含量最高。随着 DMSA 喷施浓度的增加，果胶、半纤维素Ⅰ、半纤维素Ⅱ组分中 Cd 含量均呈现显著增加趋势。当 DMSA 喷施浓度达到 1.0 mmol/L 时，果胶中 Cd 含量与 CK 相比显著增加 99.5%，半纤维素Ⅰ中的 Cd 含量显著增加 65.5%，半纤维素Ⅱ中 Cd 含量显著增加 31.6%，但是纤维素中 Cd 含量未出现显著变化。

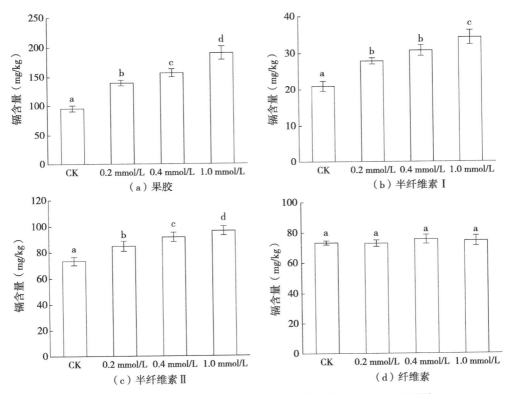

图 2.15　喷施 DMSA 对 Cd 在水稻幼苗茎基细胞壁组分中分布影响

（不同小写字母表示处理间差异达到 5% 显著水平）

2.3.8　喷施 DMSA 对茎基 PCs 和 GSH 含量的影响

由图 2.16 可见，随着 DMSA 喷施浓度的增加，水稻幼苗茎基中 GSH 含量呈现显著增加趋势。当 DMSA 喷施浓度达到 1.0 mmol/L 时茎基中 GSH 含量达到 CK 的 3.1 倍，表明喷施 DMSA 显著增加了茎基 GSH 的含量。

由图 2.17 可见，随着 DMSA 喷施浓度的增加，水稻幼苗茎基中总 PCs 含量也出现显著增加趋势。当 DMSA 喷施浓度达到 1.0 mmol/L 时茎基中总 PCs 含量达到 CK 的 2.2 倍，表明喷施 DMSA 显著增加了茎基 PCs 的含量。

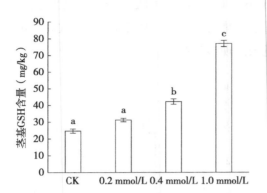

图 2.16　喷施 DMSA 对水稻幼苗茎基 GSH 含量影响

（不同小写字母表示处理间差异达到 5% 显著水平）

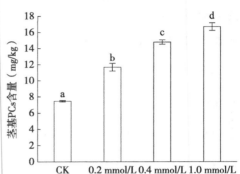

图 2.17　喷施 DMSA 对水稻幼苗茎基 PCs 含量影响

（不同小写字母表示处理间差异达到 5% 显著水平）

2.3.9　喷施 DMSA 对水稻幼苗 Cd 胁迫的影响

在激发波长为 488 nm 条件下，H_2O_2 分子经标记后在荧光显微镜下发出绿色荧光。未喷施 DMSA 但在 Cd 胁迫下的 CK 的幼苗叶片发出的绿色荧光强度最强，表明此时叶片中 H_2O_2 含量最高，叶片受到的 Cd 胁迫强度最大。随着 DMSA 喷施浓度增加，H_2O_2 荧光强度呈现显著降低趋势。当喷施浓度达到 1.0 mmol/L 时，叶片发出的绿色荧光强度最低，表明此时叶片在 Cd 胁迫下产生的 H_2O_2 量最少，Cd 胁迫程度最低。不同试验处理的幼苗根部都发出较强的绿色荧光，水稻幼苗根部 H_2O_2 荧光强度未随着 DMSA 喷施浓度增加呈现显著降低趋势，说明喷施 DMSA 对根部 Cd 胁迫未产生显著缓解作用。

由图 2.18 可见，随着 DMSA 喷施浓度的增加，水稻幼苗地上部 CAT 与 SOD 酶活性均呈现显著增加趋势，当 DMSA 喷施浓度达到 1.0 mmol/L 时，地上部茎叶中 CAT 和 SOD 酶活性分别达到 CK 的 2.7 倍和 3.0 倍，但是对水稻幼苗地下部 CAT 与 SOD 未造成显著影响。以上结果表明，喷施 DMSA 缓解了 Cd 对水稻幼苗地上部的胁迫，但是对水稻幼苗根部的 Cd 胁迫未产生显著缓解作用。

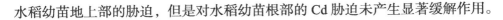

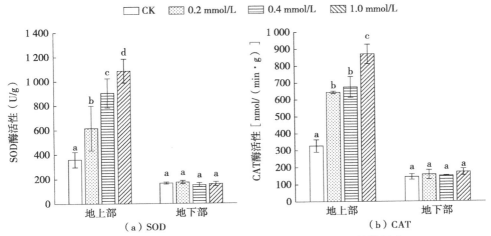

图 2.18　喷施 DMSA 对水稻幼苗 CAT、SOD 酶活性的影响

（不同小写字母表示处理间差异达到 5% 显著水平）

2.3.10　讨论与结论

2.3.10.1　水稻幼苗茎基对 Cd 的拦阻作用

降低 Cd 由水稻根部向地上部转运对实现水稻安全生产保障人体健康具有重要意义。水稻茎基部位是 Cd 由根向地上部转运的必经之路，增加水稻茎基对 Cd 的拦阻作用可有效降低水稻地上部 Cd 含量。Wang 等（2020）研究表明，低 Cd 累积水稻品种与高 Cd 累积水稻品种间茎基 Cd 含量存在显著差异。低 Cd 累积水稻品种 D62B 茎基 Cd 含量是高 Cd 累积水稻品种 Wujin4B 的 1.57 倍，低 Cd 累积品种茎基累积了更高浓度 Cd，从而降低了 Cd 向水稻地上部转运，茎基对 Cd 的拦阻作用是影响水稻籽粒中 Cd 含量的重要因素。Li 等（2021）对油菜 Cd 转运的研究也表明，茎基是抑制 Cd 由根部向地上部茎叶中转运的重要拦阻器官。上述 2 篇文献对茎基含 S 化合物浓度变化的研究发现，PCs 和 GSH 等对 Cd 具有螯合功能的巯基化合物含量出现显著增加，并认为正是由于这些含硫螯合物含量的增加导致大量 Cd 被拦阻在茎基中。PCs 和 GSH 是植物体内重要的解毒物质，它们的分子结构中含有的活性巯基可以和多种重金属元素如 Cd、As、Pb 等元素形成螯合物（Uraguchi et al.，2017）。在本研究中，喷施 DMSA 显著增加了水稻茎基 Cd 含量。当 DMSA 喷施浓度达到 1.0 mmol/L 时，茎基 Cd 含量与 CK 相比显著增加了 47.4%，Cd 由茎基向地上部茎叶中的转移效率显著降低了 52.7%。与之相应，地上部茎叶中 Cd 含量则显著降低 27.8%。同时对茎基含巯基化合物 PCs、GSH 的测定结果表明，随着 DMSA 喷施浓度增加幼苗茎基中 PCs 和 GSH 含量分别达到 CK 的 2.2 倍和 3.1 倍。据此推测，喷施 DMSA 增加了茎基巯基化合物 PCs 和 GSH 的合成导致大量 Cd 被 PCs、GSH 通过螯合作用固定在茎基部位并减少了向地上部转运。

水稻能够改变储存在营养器官中 Cd 的化学形态（Xue et al.，2019），一方面难溶态 Cd 的增加可以起到解毒作用，另一方面还可能影响到 Cd 的亚细胞分布。本研究中随着 DMSA 喷施浓度的增加，茎基难溶态 Cd 含量与 CK 相比显著增加 80.8%。由此可见，茎基中虽然储存了大量的 Cd，但是大部分以难溶态形式存在，因此，未对水稻幼苗生长造成显著影响。此外，茎基中 Cd 大部分以难溶态形式存在减少了储存在茎基中 Cd 向幼苗地上部转运，本研究中 Cd 由茎基向地上部的转移效率与 CK 相比显著降低了 52.7%。

2.3.10.2 茎基细胞壁对 Cd 的拦阻作用

植物根部细胞壁是阻碍 Cd 进入植物细胞的第一道屏障（Yu et al.，2020）。植物细胞壁主要由果胶、半纤维素、纤维素等多糖构成。其中果胶是一种由 α-1,4-半乳糖醛酸聚合链构成的多糖，包含大量含有阴离子的羧基基团，因此，对金属阳离子表现出高度亲和性，对 Cd 离子具有强键能能力。在所有的细胞壁多糖中果胶是固定 Cd 的最主要组分，尤其是当果胶脱甲基化以后对 Cd 的固持能力更加突出（Huang et al.，2022）。半纤维素包含多种功能基团如羧基、羟基、醛基，因此，也能够与 Cd 键合阻止 Cd 向细胞质转移。植物细胞壁中半纤维素和果胶质在与 Cd 键合过程中发挥最重要作用。在 Cd 胁迫下，通常会诱导植物根细胞壁中合成更多的果胶质和半纤维素，导致细胞壁对 Cd 的持留容量增加（Wu et al.，2020）。前人研究表明，细胞壁对 Cd 具有重要的拦截作用而且大部分拦截的 Cd 分布在果胶质和半纤维素组分中。截至目前，大部分关于细胞壁拦阻 Cd 的报道都集中在对水稻根系的研究方面，对茎基和茎秆报道较少。本研究中喷施 DMSA 显著增加了水稻幼苗茎基 Cd 含量，对幼苗根部 Cd 含量无显著影响。对幼苗茎基细胞壁 Cd 含量的测定结果表明，细胞壁 Cd 含量随着 DMSA 喷施浓度升高呈现显著增加趋势，细胞壁中 Cd 含量最高达到 CK 的 2.1 倍。进一步对细胞壁果胶质组分 Cd 含量的测定结果表明大部分 Cd 存在于果胶质组分中，其次是半纤维素组分，而且随着 DMSA 喷施浓度增加两组分中的 Cd 含量也呈现逐渐增加趋势。以上结果进一步表明，喷施 DMSA 增加了水稻幼苗茎基对 Cd 的拦阻作用，而且茎基中的主要分布在细胞壁的果胶质和半纤维素多糖组分中。

2.3.10.3　喷施 DMSA 对 Cd 胁迫影响

重金属胁迫对植物生长具有重要影响，可能导致农作物植株矮小、叶片失绿等危害，解除 Cd 胁迫恢复作物正常生长对提高作物产量和品质都具有重要意义。喷施叶面阻控剂往往在一定程度上会同时降低营养器官中重金属含量，因此，大部分叶面阻控剂成分都具有一定的缓解重金属胁迫功能。Li 等（2022）通过水培试验和田间试验发现，叶面喷施茉莉酸可以显著降低水稻籽粒和茎叶中 Cd 含量，同时还可以显著提高叶片中 CAT、POD 酶活性，显著缓解水稻 Cd 胁迫。叶面喷施苹果酸、Si、Se 等元素也具有显著降低 Cd 含量缓解 Cd 胁迫导致的氧化损伤功能。重金属胁迫引发的氧化损伤往往导致细胞膜损伤产生大量 MDA，该指标是表征植物氧化损伤程度的重要指标之一。本研究中通过喷施 DMSA 使水稻茎叶中具有抗氧化损伤功能的 CAT 和 SOD 酶活性最高分别达到 CK 的 2.7 倍和 3.0 倍，同时荧光标记试验结果表明 H_2O_2 荧光强度随着 DMSA 喷施浓度升高出现显著降低，说明叶面喷施 DMSA 使水稻叶片受到的 Cd 胁迫得到有效缓解。但是本研究中水稻幼苗根部 H_2O_2 荧光强度随着 DMSA 喷施浓度升高未出现显著降低趋势，同时喷施 DMSA 也未对根部 Cd 含量造成显著影响，这些结果表明喷施 DMSA 对水稻幼苗根部 Cd 胁迫无显著缓解作用。

综上所述，喷施 DMSA 通过显著增加水稻幼苗茎基中 PCs 和 GSH 含量，增加了茎基对 Cd 的拦阻作用，减少 Cd 向地上部转运，从而降低水稻幼苗地上部 Cd 含量。水稻幼苗茎基中持留的 Cd 主要被固定在细胞壁果胶组分和半纤维素Ⅱ组分中。

参 考 文 献

冯倩, 台培东, 付莎莎, 等, 2010. 巯基化合物在万寿菊镉解毒中的作用 [J]. 环境工程学报, 4(1): 214-218.

罗洁文, 李莹, 苏烁烁, 等, 2016. 类芦根系抗氧化酶和植物螯合肽对 Cd、Pb 胁迫的应

答 [J]. 生态环境学报, 25(6): 1047-1053.

吕光辉, 许超, 王辉, 等, 2018. 叶面喷施不同浓度锌对水稻锌镉积累的影响 [J]. 农业环境科学学报, 37(7): 1521-1528.

潘瑶, 尹洁, 高子平, 等, 2015. 硫对水稻幼苗镉积累特性及亚细胞分布特征的影响 [J]. 农业资源与环境学报, 32(3): 275-281.

王阳阳, 任艳芳, 周国强, 等, 2009. 镉胁迫对不同抗性水稻品种幼苗生长和生理特性的影响 [J]. 中国农学通报, 25(24): 450-454.

杨菲, 唐明凤, 朱玉兴, 2015. 水稻对镉的吸收和转运的分子机理 [J]. 杂交水稻, 30(3): 2-8.

尹晓辉, 邹慧玲, 方雅瑜, 等, 2017. 施锰方式对水稻吸收积累镉的影响研究 [J]. 环境科学与技术, 40(8): 8-12.

喻华, 上官宇先, 涂仕华, 等, 2018. 水稻籽粒中镉的来源 [J]. 中国农业科学, 51(10): 1940-1947.

张金彪, 黄维南, 2000. 镉对植物的生理生态效应的研究进展 [J]. 生态学报, 20(5): 514-523.

张烁, 陆仲烟, 唐琦, 等, 2018. 水稻叶面调理剂的降 Cd 效果及其对营养元素转运的影响 [J]. 农业环境科学学报, 37(11): 2507-2513.

章秀福, 王丹英, 储开富, 等, 2006. 镉胁迫下水稻 SOD 活性和 MDA 含量的变化及其基因型差异 [J]. 中国水稻科学, 20(2): 194-198.

周蓉, 曹赵云, 牟仁祥, 2015. 柱前衍生高效液相色谱-荧光检测法测定水稻中 7 种巯基化合物 [J]. 色谱, 33(1): 35-39.

CHISOLM J J, 2000. Safety and efficacy of meso-2,3-dimercaptosuccinic acid (DMSA) in children with elevated blood lead concentrations[J]. Journal of toxicology: clinical toxicology, 38: 2365-2375.

FENG X M, HAN L, CHAO D Y, et al., 2017. Ionomic and transcriptomic analysis provides new insight into the distribution and transport of cadmium and arsenic in rice [J]. Journal of hazardous materials, 331: 246-256.

FUJIMAKI S, SUZUI N, ISHIOKA N S, et al., 2010. Tracing cadmium from culture to spikelet: noninvasive imaging and quantitative characterization of absorption, transport, and accumulation of cadmium in an intact rice plant [J]. Plant physiology, 152(4): 1796-1806.

GAO M, ZHOU J, LIU H, et al., 2018. Foliar spraying with silicon and selenium reduces cadmium uptake and mitigates cadmium toxicity in rice [J]. Science of the total environment, 631: 1100-1108.

GILL S S, TUTEJA N, 2011. Cadmium stress tolerance in crop plants: probing the role of sulfur [J]. Plant signaling & behavior, 6(2): 215-222.

GUTSCH A, ZOUAGHI S, RENAUT J, et al., 2018. Changes in the proteome of medicago sativa leaves in response to long-term cadmium exposure using a cell-wall targeted approach[J]. Internationaljournal of molecular science, 24, 19(9): 2498.

HUANG Y Y, HUANG B F, SHEN C, et al., 2022. Boron supplying alters cadmium retention in root cell walls and glutathione content in *Capsicum annuum*[J]. Journal of hazardous materials, 432: 128713.

KASHIWAGI T, SHINDOH K, HIROTSU N, et al., 2009. Evidence for separate translocation pathways in determining cadmium accumulation in grain and aerial plant in rice [J]. Bmcplant biology, 9(1): 8-17.

KATO M, ISHIKAWA S, INAGAKI K, et al., 2010. Possible chemical forms of cadmium and varietal differences in cadmium concentrations in the phloem sap of rice plants (*Oryza sativa* L.)[J]. Soil science & plant nutrition, 56: 839-847.

LI J S, SU Z, YU J, et al., 2021. Shoot base responds to root-applied glutathione and functions as a critical region to inhibit cadmium translocation from the roots to shoots in oilseed rape (*Brassica napus*)[J]. Plant science, 305: 110822.

LI Y, ZHANG S N, BAO Q L, et al., 2022. Jasmonic acid alleviates cadmium toxicity through regulating the antioxidant response and enhancing the chelation of cadmium in rice (*Oryza sativa* L.)[J]. Environmental pollution, 304: 119178.

LIU C, LI F, LUO C, et al., 2009. Foliar application of two silica sols reduced cadmium accumulation in rice grains [J]. Journal of hazardous materials, 161(2-3): 1466-1472.

MILLER A L, 1998. Dimercaptosuccinic acid (DMSA), a non-toxic, water-soluble treatment for heavy metal toxicity [J]. Alternative medicine review, 3: 199-207.

NAKANISHI H, OGAWA I, ISHIMARU Y, et al., 2006. Iron deficiency enhances cadmium uptake and translocation mediated by the Fe^{2+} transporters OsIRT1 and OsIRT2 in rice [J]. Soil science & plant nutrition, 52(4): 464-469.

NOCITO F F, LANCILLI C, CREMA B, et al., 2006. Heavy metal stress and sulfate uptake in maize roots [J]. Plant physiology, 141(3): 1138-1148.

PRASAD A S, MANTZOROS C S, BECK F W J, et al., 1996. Zinc status and serum testosterone levels of healthy adults [J]. Nutrition, 12(5): 344-348.

RIZWAN M, ALI S, AKBAR M Z, et al., 2017. Foliar application of aspartic acid lowers cadmium uptake and Cd-induced oxidative stress in rice under Cd stress [J]. Environmental science and pollution research, 24(27): 21938-21947.

SASAKI A, YAMAJI N, MA J F, 2014. Overexpression of OsHMA3 enhances Cd tolerance and expression of Zn transporter genes in rice [J]. Journal of experimental botany, 65(20): 6013-6021.

SASAKI A, YAMAJI N, YOKOSHO K, et al., 2012. Nramp5 is a major transporter responsible for manganese and cadmium uptake in rice [J]. The plant cell, 24(5): 2155-2167.

SATOH-NAGASAWA N, MORI M, NAKAZAWA N, et al., 2011. Mutations in rice (*Oryza sativa*) heavy metal ATPase 2 (OsHMA2) restrict the translocation of zinc and cadmium [J]. Plant and cell physiology, 53(1): 213-224.

URAGUCHI A, TANAKA N, HOFMANN C, et al., 2017. Phytochelatin synthase has contrasting effects on cadmium and arsenic accumulation in rice grains[J]. Plant cell physiology, 58: 1730-1742.

WANG H, XU C, LUO Z, et al., 2018. Foliar application of Zn can reduce Cd concentrations in rice (*Oryza sativa* L.) under field conditions [J]. Environmental science and pollution research, 25(29): 29287-29294.

WANG K J, YU H Y, YD H, et al., 2020. The critical role of the shoot base in inhibiting cadmium transport from root to shoot in a cadmium-safe rice line (*Oryza sativa* L.)[J]. Science of the total environment, 765: 142710.

WU X, SONG H, GUAN C, et al., 2020. Boron alleviates cadmium toxicity in *Brassica napus* by promoting the chelation of cadmium onto the root cell wall components[J]. Science of the total environment, 728: 138833.

XIAO Y T, DU Z J, BUSSO C A, et al., 2020. Differences in root surface adsorption, root uptake, subcellular distribution, and chemical forms of Cd between low and high-Cd-accumulating wheat cultivars[J]. Environmental science and pollution research, 27: 1417-1427.

XUE W J, ZHANG C B, WANG P P, et al., 2019. Rice vegetative organs alleviate cadmium toxicity by altering the chemical forms of cadmium and increasing the ratio of calcium to manganese[J]. Ecotoxicology and environmental safety, 184: 109640.

YAN Y F, CHIOD W, KIM D, et al., 2010. Absorption, translocation, and remobilization of cadmium supplied at different growth stages of rice [J]. Journal of crop science & biotechnology, 13(2): 113-119.

YU H Y, WU Y, HUANG H G, et al., 2020. The predominant role of pectin in binding Cd in the root cell wall of a high Cd accumulating rice line (*Oryza sativa* L.)[J]. Ecotoxicology and environmental safety, 206: 111210.

YUAN L, WU L, YANG C, et al., 2013. Effects of iron and zinc foliar applications on rice plants and their grain accumulation and grain nutritional quality [J]. Journal of the science of food and agriculture, 93(2): 254-261.

ZECCA L, YOUDIM M B H, RIEDERER P, et al., 2004. Iron, brain ageing and neurodegenerative disorders [J]. Nature reviews neuroscience, 5(11): 863.

第 3 章

喷施 SAC 对水稻 Cd、As、Pb
含量的影响

3.1 喷施 SAC 对水稻种子幼根和幼芽 Cd 胁迫缓解效应机制

3.2 喷施 SAC 对水稻 As 转运影响机制

3.3 喷施 SAC 对晚稻籽粒中 Pb 含量的影响

SAC 是老化的大蒜中含量最丰富的一类具有抗氧化和抗癌活性的水溶性有机硫化合物（严常开 等，2006）。在大蒜体内，SAC 来源于 γ-谷氨酰转移酶催化 γ-谷氨酰-S-烯丙基半胱氨酸的生化反应（Colín-González et al.，2012）。大量实验研究表明，SAC 可有效清除超氧阴离子、H_2O_2 分子、羟基自由基、过氧自由基、过氧亚硝基阴离子，还可以清除次氯酸和单线态氧等。此外，SAC 还可以防止脂质和蛋白的氧化和硝化。SAC 是大蒜提取物中最主要的水溶性有机硫化合物同时也是一种重要的重金属解毒剂，它可以穿过细胞膜降低细胞内部重金属离子的毒害作用。

3.1　喷施 SAC 对水稻种子幼根和幼芽 Cd 胁迫缓解效应机制

在人类工农业生产活动的影响下，有毒重金属 Cd 不断被释放到自然环境中。Cd 污染引发的环境危害已经引起世界各国的广泛关注。2014 年，环境保护部和国土资源部联合发布的《全国土壤污染状况调查公报》显示，我国农田 Cd 点位超标率高达 7.0%（陈能场 等，2017）。相比于其他重金属元素，Cd 在土壤中具有较高的移动性，易被农作物富集并累积在可食部分。大量研究表明，Cd 通过食物链进入人体后可以在肝、肾等器官中不断蓄积，给人体健康造成潜在风险。Cd 污染不仅危害人体健康，而且土壤中高浓度 Cd 还会抑制水稻种子萌发及幼苗生长，表现为水稻生长缓慢、根系发育受阻、植株瘦弱、鲜重和干重减轻。Cd 还会对水稻光合作用、蒸腾作用等生理过程造成影响，最终导致水稻减产。通过在种子萌发期外源添加 SAC 研究：① SAC 对水稻种子幼根和幼芽 Cd^{2+} 胁迫的缓解效应；②探索 SAC 缓解水稻种子幼根、幼芽 Cd^{2+} 胁迫的潜在机制。

3.1.1　试验材料与试验设计

试验水稻品种为中早 35，选取较为饱满且大小均匀的种子，于 5% H_2O_2 水溶液中浸泡消毒 20 min，再用去离子水反复冲洗 3~4 遍，备用。试验所用试剂 $CdCl_2$、SAC 均为分析纯，购于中国医药集团有限公司。用分析天平准确称取 $CdCl_2$ 0.183 g 溶于蒸馏水中定容至 1 000 mL，配制成浓度为 1 000 μmol/L 的储备液，备用。称取 0.161 g 的 SAC 溶于蒸馏水中并定容至 1 000 mL，配制浓度为

1 000 μmol/L 的储备液，备用。

3.1.1.1　Cd²⁺ 对水稻种子幼根发育的胁迫效应

经过消毒的种子在室温下于蒸馏水中浸种 1～2 d 后，挑选 20 粒露白的种子置于铺有滤纸的培养皿中，摆放整齐。加入 10 mL 不同浓度的 CdCl₂ 处理液，同时设置仅加入 10 mL 蒸馏水的空白对照处理（CK0）。Cd²⁺ 胁迫浓度分别设置为 5 μmol/L、10 μmol/L、50 μmol/L、75 μmol/L、100 μmol/L、200 μmol/L 和 500 μmol/L 共 7 个不同浓度，每个处理设置 5 次重复。将培养皿称重并记录，于 28℃生化培养箱中黑暗培养，间隔 24 h 采用称重法补充蒸发的水分，7d 后测定 Cd²⁺ 对种子根系的胁迫效应。

3.1.1.2　缓解 Cd²⁺ 胁迫的最佳 SAC 浓度选择

经消毒后的水稻种子于室温下在蒸馏水中浸种 1～2 d 后，分别挑选 20 粒露白的种子置于铺有滤纸的培养皿中，摆放整齐。SAC 处理浓度设置为 10 μmol/L、50 μmol/L、100 μmol/L、200 μmol/L 和 400 μmol/L 共 5 个不同浓度，CdCl₂ 胁迫浓度为 50 μmol/L。每个处理设置 5 次重复，同时设置仅添加蒸馏水的完全空白对照样品 CK0 和仅添加 50 μmol/L 的 CdCl₂ 但未经 SAC 处理的对照样品 CK1。将培养皿在天平上称重并记录，于 28℃生化培养箱中在黑暗条件下培养，间隔 24 h 采用称重法补充蒸发的水分，7 d 后取样，测定不同浓度 SAC 对幼根 Cd 胁迫的缓解效应。

3.1.1.3　SAC 对水稻种子幼根和幼芽生理生化系统 Cd²⁺ 胁迫的缓解效应

经消毒的种子在蒸馏水中浸种 1～2 d 后，挑选 20 粒露白的种子置于铺有滤纸的培养皿中，摆放整齐。分别加入 10 mL 不同处理液，分别为蒸馏水对照（CK0）、50 μmol/L CdCl₂、50 μmol/L CdCl₂+200 μmol/L SAC，每个处理重复 5 次。将每个培养皿称重并记录，于 28℃生化培养箱中在黑暗条件下培养，间隔 24 h 采用称重法补充蒸发的水分，7 d 后取样。分别测定幼根和幼芽中 MDA、GSH 含量和 CAT、SOD 酶活性。

3.1.1.4　SAC 缓解水稻种子幼根和幼芽 Cd²⁺ 胁迫的分子机制

经消毒的种子在蒸馏水中浸种 1～2 d 后，挑选 20 粒露白的种子置于铺有滤纸的培养皿中，摆放整齐。分别加入 10 mL 不同处理液，分别为蒸馏水对照（CK0）、50 μmol/L CdCl₂、50 μmol/L CdCl₂+200 μmol/L SAC，每个处理重复 5 次。将每个培养皿称重并记录，于 28℃生化培养箱中在黑暗条件下培养，间隔 24 h 采用称重法补充蒸发的水分，7 d 后取样。分别测定幼根和幼芽中 Cd 含量以及 *OsNramp5*、*OsHMA3* 和 *OsHMA2* 基因的相对表达量。

3.1.2 测定指标与方法

3.1.2.1 水稻种子幼根生长指标测定

在生化培养箱中于黑暗条件下 28℃培养 7 d 后，用剪刀将幼芽和幼根分开，采用根系扫描仪（Epson expression 10000XL）测定幼根形态。扫描结果采用 WinRhizo 根系分析软件进行根系形态指标分析。

3.1.2.2 水稻种子幼芽和幼根生理生化指标测定

分别用剪刀分取水稻种子的幼芽和幼根，采用试剂盒法测定幼芽和幼根样品中的 CAT、SOD 酶活性和 MDA、GSH 含量。

3.1.2.3 水稻种子幼芽和幼根中 Cd 含量测定

分别用剪刀分取水稻种子的幼芽和幼根，在 70℃的烘箱中烘干。冷却至室温后，在玻璃研钵中手动研磨成粉。在分析天平上，分别称取 0.25 g 烘干后的幼根和幼芽粉末样品于消解管中，加入 MOS 级浓硝酸 7 mL 常温下浸泡过夜。在恒温电热消解炉上 110℃高温消解至澄清透明后，用去离子水转移至 25 mL 容量瓶中并定容，利用 ICP-MS 测定幼根和幼芽中的 Cd 含量。

3.1.2.4 Cd 转运基因相对表达量测定

用剪刀分取水稻种子的幼芽和幼根，采用 OMEGA 植物总 RNA 提取试剂盒，提取鲜样的总 RNA；采用 HiScript® Ⅱ Q RT SuperMix for qPCR（+gDNA wiper）R223 试剂盒于 PTC-100 反转录制备 cDNA；采用 ChamQTM Universal SUBR® qPCR Master Mix Q711 试剂盒于 Roche LightCycler 1.5 进行实时定量聚合酶链式反应。扩增引物由生工生物工程（上海）股份有限公司设计并合成（表 3.1）。

表 3.1 扩增引物序列表

引物名称	5′ ⟶ 3′
Actin1-F	TCCATCTTGGCATCTCTCAG
Actin1-R	GTACCCTCATCAGGCATCTG
OsNRAMP5-F	AGTGGTTACAGGGAGGCATC
OsNRAMP5-R	GTCTTCCTCGATAGCACCAAG
OsHMA2-F	CATAGTGAAGCTGCCTGAGATC
OsHMA2-R	GATCAAACGCATAGCAGCATCG
OsHMA3-F	CGTCATGGCTGTCGTCATGATCTG
OsHMA3-R	AATGGGGTGATAGAAATCGAACATG

3.1.3 Cd^{2+} 对水稻种子幼根发育的胁迫效应

不同浓度 Cd^{2+} 胁迫对水稻种子幼根生长发育的影响如表 3.2 所示。随着 Cd^{2+} 胁迫浓度增加，水稻种子幼根生长受到的抑制作用呈现出显著（$P<0.05$）增强趋势。水稻种子幼根形态测定结果表明：与 CK0 相比，50 μmol/L、75 μmol/L、100 μmol/L 和 200 μmol/L $CdCl_2$ 胁迫下水稻种子总根长分别降低了 29.26%、37.06%、57.77% 和 69.93%；根表面积分别降低了 13.39%、22.66%、34.50% 和 48.71%；根体积分别降低了 18.52%、20.37%、31.48% 和 50.00%；当 $CdCl_2$ 胁迫浓度达到 500 μmol/L 时，水稻种子萌发被完全抑制。当 $CdCl_2$ 胁迫浓度低于 50 μmol/L 时，未对幼根发育造成显著抑制。综上可见，当 $CdCl_2$ 胁迫浓度达到 50 μmol/L 时，幼根生长指标开始出现显著胁迫症状，为保障获得稳定的 Cd^{2+} 抑制效果，后续试验均采用该浓度 $CdCl_2$ 作为胁迫浓度。

表 3.2 Cd^{2+} 对水稻种子幼根发育的胁迫效应

$CdCl_2$ 浓度（μmol/L）	总根长（cm）	根表面积（cm^2）	根体积（cm^3）	根尖数（个）	分叉数（个）
CK0	51.91 ± 0.91a	9.71 ± 0.33a	0.054 ± 0.001 8a	157.61 ± 28.41a	110.80 ± 20.34a
5	50.90 ± 1.27a	9.16 ± 0.16ab	0.053 ± 0.002 5a	139.00 ± 12.93ab	97.00 ± 5.07ab
10	47.72 ± 3.17a	8.71 ± 0.15b	0.047 ± 0.004ab	127.00 ± 9.57b	92.00 ± 2.93ab
50	36.72 ± 0.74b	8.41 ± 0.19b	0.044 ± 0.003 9b	123.59 ± 11.25b	87.00 ± 4.09ab

（续表）

CdCl₂ 浓度 （μmol/L）	总根长 （cm）	根表面积 （cm²）	根体积 （cm³）	根尖数 （个）	分叉数 （个）
75	32.67 ± 1.88c	7.51 ± 0.31c	0.043 ± 0.000 8bc	102.80 ± 4.49c	79.20 ± 3.71b
100	21.92 ± 1.10d	6.36 ± 0.16d	0.037 ± 0.002 3c	83.20 ± 2.33d	73.81 ± 3.48b
200	15.61 ± 0.54e	4.98 ± 0.11e	0.027 ± 0.000 2d	38.40 ± 2.46e	32.80 ± 1.59c
500	—	—	—	—	—

注：—表示种子未发芽；同列不同小写字母表示不同处理间差异显著（$P < 0.05$）。

3.1.4　SAC 对种子幼根 Cd²⁺ 胁迫的缓解效应

不同浓度 SAC 对水稻种子幼根 Cd²⁺ 胁迫的缓解效应如表 3.3 所示。当 SAC 浓度达到 200 μmol/L 时，对水稻 Cd²⁺ 胁迫的缓解效果最为显著（$P < 0.05$）。当 SAC 浓度低于 200 μmol/L 时，水稻种子总根长、根表面积、根体积、根尖数、分叉数等指标均随着 SAC 添加浓度的升高出现显著增加的趋势。当 SAC 浓度达到 200 μmol/L 时，各项根系指标分别恢复到 CK0 对照的 89.84%、86.58%、71.15%、82.03%、85.43%。当 SAC 浓度继续升高达到 400 μmol/L，根系各项指标反而出现下降趋势，分别降低到 CK0 的 48.00%、66.96%、51.92%、47.50%、63.59%。说明添加高浓度 SAC 反而会出现抑制水稻种子幼根生长现象。综上，选择 200 μmol/L 的 SAC 作为后续试验中缓解 Cd 胁迫的添加浓度。

表 3.3　SAC 对种子幼根 Cd²⁺ 胁迫的缓解效应

SAC 浓度 （μmol/L）	总根长 （cm）	根表面积 （cm²）	根体积 （cm³）	根尖数 （个）	分叉数 （个）
CK0	48.35 ± 2.50a	8.87 ± 0.24a	0.052 ± 0.005 3a	128.00 ± 8.58a	71.40 ± 7.27a
CK1	15.88 ± 0.75f	4.64 ± 0.09e	0.027 ± 0.001 7c	35.00 ± 3.16e	35.00 ± 1.73d
10	25.59 ± 0.31de	6.91 ± 0.22c	0.032 ± 0.001 4bc	62.60 ± 5.87d	52.20 ± 4.01bc
50	28.40 ± 1.49d	6.72 ± 0.25c	0.033 ± 0.001 0bc	79.00 ± 3.90c	59.20 ± 2.35b
100	33.56 ± 0.66c	6.92 ± 0.20c	0.033 ± 0.002 2bc	85.00 ± 3.75c	58.60 ± 3.85b
200	43.44 ± 1.83b	7.68 ± 0.30b	0.037 ± 0.001 5b	105.00 ± 4.81b	61.00 ± 1.45ab
400	23.21 ± 1.11e	5.94 ± 0.23d	0.027 ± 0.000 8c	60.80 ± 2.20d	45.40 ± 1.69cd

注：同列不同小写字母表示不同处理间差异显著（$P < 0.05$）。

3.1.5 SAC 对水稻种子幼芽和幼根生理生化系统 Cd^{2+} 胁迫的缓解效应

SAC 对 Cd^{2+} 胁迫下水稻种子幼芽和幼根生理生化系统的缓解效应如图 3.1 所示。图 3.1a 可见，在 50 μmol/L CdCl$_2$ 胁迫下，水稻种子幼芽和幼根的 CAT 酶活性显著下降。与 CK0 相比，降幅分别为 67.91% 和 68.37%。添加 200 μmol/L SAC 后，可显著提高幼根的 CAT 酶活性，与 50 μmol/L CdCl$_2$ 处理组相比，升幅为 212.42%，使得幼根的 CAT 酶活性恢复到与 CK0 并无显著差异水平；添加 SAC 后，幼芽的 CAT 酶活性也呈现升高趋势，与 50 μmol/L CdCl$_2$ 处理组相比提高 31.41%，但未达到显著水平。

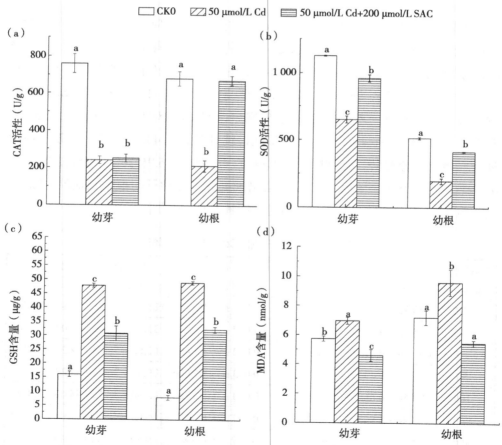

图 3.1 SAC 对 Cd 胁迫下水稻种子幼芽和幼根生理生化系统的缓解效应
（柱上不同小写字母表示处理间差异达到 5% 显著水平）

由图 3.1b 可见，在 50 μmol/L CdCl$_2$ 胁迫下，种子幼芽和幼根的 SOD 酶活性也出现显著降低。与 CK0 处理组相比，降幅分别为 42.14% 和 61.84%。添加 200 μmol/L SAC 后显著提高了幼芽和幼根的 SOD 酶活性，与 50 μmol/L CdCl$_2$ 处理组相比，SOD 酶活性分别提高了 47.31% 和 110.76%。

由图 3.1c 可见，在 50 μmol/L CdCl$_2$ 胁迫下，种子幼芽和幼根中 GSH 含量出现显著升高。与 CK0 处理组相比，升高幅度分别达到 195.10% 和 503.70%。添加 200 μmol/L SAC 后显著降低了幼芽和幼根中 GSH 的含量，与 50 μmol/L CdCl$_2$ 处理组相比，GSH 含量分别显著降低了 35.74% 和 34.12%。

由图 3.1d 可见，在 50 μmol/L CdCl$_2$ 胁迫下，种子幼芽和幼根中 MDA 含量出现显著升高。与 CK0 处理组相比，升高幅度分别为 21.51% 和 33.33%。添加 200 μmol/L SAC 后显著降低了幼芽和幼根的 MDA 含量，与 50 μmol/L CdCl$_2$ 处理组相比，MDA 含量分别显著降低了 33.97% 和 43.09%。

3.1.6　SAC 缓解水稻种子幼芽和幼根 Cd^{2+} 胁迫的分子机制

添加 200 μmol/L SAC 对水稻种子幼芽和幼根中 Cd 含量的影响如图 3.2a 所示。在 50 μmol/L CdCl$_2$ 胁迫下，水稻种子幼芽和幼根的 Cd 含量出现显著升高而且幼根中 Cd 含量远高于幼芽中 Cd 含量，达到 401.14 mg/kg。添加 200 μmol/L SAC 后显著降低了水稻种子幼芽和幼根中的 Cd 含量，与 50 μmol/L CdCl$_2$ 处理组相比，幼芽和幼根中 Cd 含量分别降低 28.86% 和 35.91%。

添加 200 μmol/L SAC 对水稻种子幼芽和幼根中 Cd 转运基因 *OsNramp5* 相对表达量的影响如图 3.2b 所示。在 50 μmol/L CdCl$_2$ 胁迫下，水稻种子幼根和幼芽中 *OsNramp5* 的相对表达量显著增加，升高幅度分别高达 217.67% 和 48.33%。添加 200 μmol/L SAC 后，水稻种子幼根中 *OsNramp5* 相对表达量显著降低，与 50 μmol/L CdCl$_2$ 处理组相比，水稻种子幼根中 *OsNramp5* 的相对表达量显著降低 33.38%，幼芽中的 *OsNramp5* 相对表达量也出现降低，但降低幅度未达到显著水平（$P < 0.05$）。

添加 200 μmol/L SAC 对水稻种子幼芽和幼根中 Cd 转运基因 *OsHMA3* 相对表达量的影响如图 3.2c 所示。在 50 μmol/L CdCl$_2$ 胁迫下，水稻种子幼根中 *OsHMA3* 的相对表达量显著增加，升高幅度达 168.00%。经 200 μmol/L SAC 处理后，幼根中 *OsHMA3* 相对表达量继续增加，与 50 μmol/L CdCl$_2$ 处理组相比，水稻幼根中 *OsHMA3* 的相对表达量显著升高 33.96%。经 50 μmol/L Cd^{2+} 胁迫后，

幼芽中 *OsHMA3* 的相对表达量也出现升高但增加幅度未达到显著程度，添加 200 μmol/L SAC 后相对于 50 μmol/L CdCl₂ 处理组，幼芽中的 *OsHMA3* 相对表达量持续出现升高趋势，但升高幅度也未达到显著水平（$P < 0.05$）。

添加 200 μmol/LSAC 对水稻种子幼芽和幼根中 Cd 转运基因 *OsHMA2* 相对表达量的影响如图 3.2d 所示。由图 3.2d 可见，在 50 μmol/L CdCl₂ 胁迫下，水稻种子幼根中 *OsHMA2* 的相对表达量显著升高，升高幅度达 229.67%。经 200 μmol/L SAC 处理后，与 50 μmol/L CdCl₂ 处理组相比，幼根中 *OsHMA2* 相对表达量显著降低 34.99%。在 50 μmol/L CdCl₂ 胁迫下，水稻种子幼芽中 *OsHMA2* 的相对表达量也出现升高但增加幅度未达到显著程度，添加 200 μmol/L SAC 后，与 50 μmol/L CdCl₂ 处理组相比，幼芽中的 *OsHMA2* 相对表达量也出现下降，但降低幅度未达到显著水平。

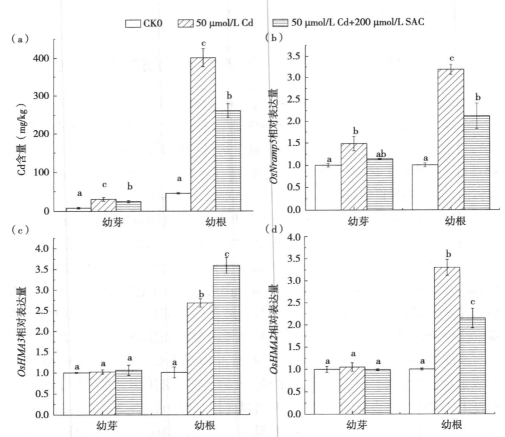

图 3.2 SAC 对 Cd 胁迫下水稻种子幼芽和幼根的 Cd 含量及相关基因相对表达量的影响

（柱上不同小写字母表示处理间差异达到 5% 显著水平）

3.1.7　讨论与结论

　　SAC 是大蒜提取物中一种含有硫醚结构的有机化合物，易溶于水，化学性质相较于其他大蒜提取物较为稳定。SAC 具有显著的抗氧化、缓解细胞衰老、凋亡，抑制癌细胞增殖和转移等功能，此外还具有预防和治疗心脑血管疾病的作用。本试验研究了 SAC 对水稻种子幼芽和根系 Cd^{2+} 胁迫的缓解效应及其潜在的分子机制。

　　种子萌发期和幼苗期是植物生长的重要阶段同时也是较为脆弱的阶段。在高浓度 Cd^{2+} 胁迫下，会对水稻种子萌发及幼苗生长造成显著影响，表现为水稻生长缓慢，根系发育受阻（Yang et al.，2019）。植物体内会产生大量的 ROS，损坏细胞膜系统，影响体内抗氧化酶的活性，如 CAT 和 SOD 抑制植株的生长发育（章秀福 等，2006）。本研究中，添加 Cd^{2+} 胁迫处理的水稻幼芽和幼根 CAT 和 SOD 酶活性均有显著降低，添加 SAC 后显著提高了 Cd^{2+} 胁迫下水稻幼芽和幼根中 CAT 和 SOD 酶活性。ROS 作用于脂质的不饱和脂肪酸，MDA 是脂质过氧化后的重要产物，MDA 含量常作为反映细胞膜脂质氧化水平和植物遭受逆境胁迫程度的重要参考指标（Shah et al.，2001）。当植物体受到 Cd^{2+} 胁迫时体内会产生大量的 GSH，从而缓解重金属对植物体造成的毒害作用，因此，GSH 也常作为评价植物遭受 Cd 胁迫程度的重要参考指标（Jiang et al.，2020）。本研究结果表明，在 Cd^{2+} 胁迫下水稻种子幼芽和幼根中的 MDA 和 GSH 含量均出现显著升高，添加 SAC 后有效的缓解了 Cd^{2+} 对水稻种子幼芽和幼根的胁迫作用，使幼芽和幼根中 MDA、GSH 含量相较于 Cd^{2+} 胁迫处理组均有显著下降。以上结果表明，SAC 具有缓解 Cd^{2+} 对水稻种子幼根和幼芽生理生化系统胁迫的作用。

　　水稻根系是通过吸收外界营养物质及水分保证水稻正常生长发育的重要器官。总根长、根表面积、根体积、根尖数、根分叉数等根系生长活性指标是评估水稻幼芽种子萌发及生长发育的重要依据。在本研究中随着 SAC 添加浓度的增加，Cd^{2+} 胁迫下幼根各项生长发育指标均出现显著增加趋势。以上结果表明，SAC 具有显著缓解水稻种子萌发过程 Cd^{2+} 对幼根生长发育胁迫的功能。

　　降低重金属吸收是植物抵御重金属胁迫的主要机制。本研究中，添加 200 μmol/L SAC 后显著降低了水稻种子幼芽和幼根中的 Cd 含量，与 50 μmol/L $CdCl_2$ 处理组相比，幼芽和幼根中 Cd 含量分别降低了 28.86% 和 35.91%。添加

SAC 后，随着 Cd 含量的降低，幼根和幼芽的生理生化指标及根系生长发育指标均显著回升，表明幼根和幼芽中 Cd 含量降低显著缓解了 Cd^{2+} 的胁迫。

已有研究表明，Cd^{2+} 主要通过负责转运 Mn^{2+} 的 *OsNramp5* 转运子进入水稻根系（Ishimaru et al.，2012），进入根系的部分 Cd^{2+} 在 *OsHMA3* 转运子的运输下进入液泡并储存在液泡中，Cd^{2+} 在 *OsHMA2* 转运子的运输下从根系进一步运输到地上部。为揭示添加 SAC 降低水稻种子幼根和幼芽中 Cd 含量缓解 Cd 胁迫的分子机制，本研究采用实时荧光定量 PCR 技术研究了添加 SAC 对编码上述 3 个 Cd^{2+} 转运子基因表达的影响。结果表明，在 50 μmol/L $CdCl_2$ 胁迫处理条件下水稻种子幼根中 Cd^{2+} 转运蛋白编码基因 *OsNramp5*、*OsHMA3* 和 *OsHMA2* 与 CK0 相比的相对表达量分别显著提高了 217.67%、168.00%、229.67%，该结果提示我们 Cd^{2+} 胁迫条件下同时增加了根系对 Cd^{2+} 的吸收、Cd^{2+} 向液泡中储存以及向幼芽中转运。将 Cd^{2+} 储存在液泡中是水稻的重要解毒机制，较高 Cd^{2+} 浓度条件下增加了 *OsHMA3* 的相对表达量说明植物启动了自身解毒机制。同时 *OsNramp5* 和 *OsHMA2* 基因相对表达量的增加，说明在较高浓度 Cd^{2+} 存在条件下同时增加了幼根对 Cd^{2+} 的吸收和向幼芽中的转运，据此推断根系和幼芽中的 Cd 含量也必然出现显著增加趋势。本研究中对幼根和幼芽中 Cd 含量的测定结果显示幼根和幼芽中 Cd 含量均出现显著增加，该结果与理论预测相吻合。

在 50 μmol/L $CdCl_2$ 胁迫处理条件下添加 200 μmol/L SAC 处理后，水稻幼根中 Cd^{2+} 转运蛋白编码基因 *OsNramp5* 的相对表达量显著降低了 33.38%、*OsHMA3* 的相对表达量显著升高 33.96%、*OsHMA2* 的相对表达量显著降低 34.99%。添加 SAC 后，*OsNramp5* 的相对表达量显著降低，表明添加 SAC 后显著降低了幼根从外界吸收 Cd^{2+} 的能力，对幼根 Cd 含量的测定结果也表明幼根中 Cd 含量显著降低了 35.91%。添加 SAC 后，*OsHMA3* 的相对表达量继续显著升高，说明 SAC 提高了幼根细胞向液泡中运输 Cd^{2+} 的能力，该结论可以从 SAC 显著缓解根系 Cd^{2+} 胁迫结果得到验证。添加 SAC 后，*OsHMA2* 的相对表达量显著降低，表明添加 SAC 显著降低了 Cd^{2+} 向幼芽中的运输。本研究中对幼芽中 Cd 含量的测定结果也表明幼芽 Cd 含量显著降低 35.91%，二者结果相吻合。

综上可见，添加 SAC 后 Cd 转运相关基因相对表达量的变化较好揭示了幼根和幼芽中 Cd 含量降低及缓解 Cd^{2+} 胁迫的分子机制。适宜浓度的 SAC 可有效

缓解 Cd^{2+} 对水稻幼根和幼芽的胁迫效应。SAC 可通过调控幼根和幼芽中 Cd 转运蛋白编码基因的相对表达量降低 Cd 的吸收及向幼芽转运。

3.2　喷施 SAC 对水稻 As 转运影响机制

As 是一种在自然界广泛分布并对人和动植物都具有较高毒性的非金属元素。土壤 As 含量超标不仅与地质因素有关，还受含 As 金属矿藏开采、含 As 肥料和农药的使用以及工业生产等多种因素影响。As 污染影响涉及全球 70 个国家的 2 亿人口（Sodhi et al.，2019）。我国土壤 As 污染点位超标率达到 2.7% 仅次于重金属 Cd、Ni。不同形态的 As 毒性差异较大，其中以无机 As（iAs）毒性最高。在稻田淹水条件下土壤 As 主要以亚砷酸（As^{III}）形态存在（Mestrot et al.，2009），通常占 As 总量的 70%～90%，其余部分为五价 As（As^{V}）以及少量的有机胂（赵方杰 等，2014）。水稻对 As 的富集能力远超其他禾本科谷物，因此，开发降低稻米 As 污染生产措施并探讨其潜在机制对保护人体健康具有重要意义。

As 是植物的非必需元素，在水稻体内主要借助与其化学性质相似的磷酸或硅酸通道完成转运。As^{V} 的吸收主要由磷酸转运蛋白 OsPT8 介导（Wang et al.，2016），进入细胞后 As^{V} 可被还原成 As^{III} 继续向顶端运输（于焕云 等，2018）。As^{III} 在化学性质上更加接近硅酸，因此，在水稻体内 As^{III} 的吸收和转运主要由 Si 转运子完成。水稻根系主要通过 *Lsi1* 和 *Lsi2* 2 种转运子接力完成对 As^{III} 的吸收和转运。*Lsi1* 主要在水稻根系外皮层和内皮层细胞膜的向外一侧表达，它可以让 As^{III} 渗透通过。Zhao 等（2010）研究表明在 As^{V} 胁迫下 *Lsi1* 转运子可向外部介质中排出 As^{III}，表明它在一定条件下还具有双向运输功能。进入根细胞的 As^{III} 在 *Lsi2* 转运子的外排作用下继续向中柱方向的质外体运输（Ma et al.，2007）。As^{III} 如何向根部木质部导管装载，以及怎样在地上部的节中从木质部导管中卸载下来并向叶中分布，目前尚未见确切报道。喷施 SAC 降低水稻籽粒中 As 含量，缓解水稻 As 胁迫的研究尚未见报道。本研究于水稻开花期叶面喷施 SAC 主要探究：①喷施 SAC 对水稻籽粒及其他营养器官中 As 含量的影响；②叶面喷施 SAC 对水稻 As 胁迫的影响；③叶面喷施 SAC 降低水稻籽粒中 As 含量的潜在机制。

3.2.1　试验材料与试验设计

以我国南方主栽水稻品种中早 35 为试验材料，盆栽土壤取自广西壮族自治区桂平市重金属 As 污染稻田（表层 10～15 cm），过筛混匀后备用，土壤 pH 值 4.95、有机质含量为 24.54 g/kg、阳离子交换量为 7.64 cmol/kg 以及总 As 含量为 50 mg/kg。试验中采用的 SAC 为分析纯，购于中国医药集团有限公司。盆栽试验在农业农村部环境保护科研监测所玻璃温室中开展。

将水稻种子浸泡在含有 5% H_2O_2 的水溶液中消毒 30 min，捞出漂浮在水面的瘪籽以及病籽，选取下沉的饱满种子，用去离子水反复清洗 4～5 遍。将冲洗干净的种子均匀分散在育苗盘上，放置在生化培养箱中黑暗条件下 28℃恒温催芽 36 h 后转移到人工气候室进行培养。待水稻幼苗长至两叶一心时，选取长势一致的水稻幼苗移至装有 1/10 Hoagland 营养液的 8 L 水培箱中进行培养。待水稻幼苗长至四叶一心期时，选取长势一致的幼苗移栽至装有 4 kg 稻田 As 污染土壤的土培盆中。每盆移栽水稻幼苗 3 株。生长期间定期进行防病、防虫处理并保持盆中水深 3 cm 左右。

盆栽试验共计设置 4 个 SAC 喷施试验处理组和 1 个不喷 SAC 的对照处理组（CK），每个处理设置 5 次重复。4 个喷施处理组分别喷施 0.05 mmol/L、0.1 mmol/L、0.2 mmol/L、0.4 mmol/L 的 SAC，CK 只喷施蒸馏水。在水稻开花灌浆初期，将不同浓度 SAC 溶液用手动喷雾器均匀喷至水稻植株表面。第一次喷施后，间隔 24 h 进行第二次喷施。每盆喷施 40 mL/ 次。于第二次喷施 SAC 后间隔 72 h 收取水稻旗叶、顶端第一节（穗下节）鲜样，同步采集水稻新鲜幼嫩根尖样品。待水稻成熟后，收取水稻完整植株在 70℃烘箱中烘干，备用。

3.2.2　测定方法

3.2.2.1　水稻植株总 As 含量测定

将烘干的成熟水稻分为籽粒、穗轴、第一节间（穗轴与顶端第一节之间部分，穗颈）、旗叶、顶端第一节和根，共计 6 个部分。将水稻籽粒在砻谷机上脱壳后用万能粉碎机粉碎，其余水稻营养器官样品用剪刀剪碎后用万能粉碎机粉碎。称取粉碎后的样品各 0.5 g 于消解管中，加入 7 mL MOS 级浓硝酸浸泡过夜。

在恒温电热消解炉上 110℃高温消解至澄清，冷却后用蒸馏水转移至容量瓶中并准确定容至 25.0 mL，用原子荧光光度计（AFS-9760）测定样品中 As 含量。

3.2.2.2　水稻植株 As^{III} 转运基因相对表达水平的测定

向收获的水稻新鲜样品（旗叶、顶端第一节、根）中加入液氮充分研磨，采用 OMEGA 植物总 RNA 试剂盒提取样品总 RNA，获得的总 RNA 样品经 HiScript® Ⅱ Q RT SuperMix for qPCR（+gDNA wiper）R223 试剂盒预处理后，在经 BIO-RAD CFX96 反转录获得 cDNA 样品。样品在经 ChamQTM Universal SUBR®qPCR Master Mix Q711 试剂盒进行处理后进行实时定量聚合酶链式反应。采用 *Actin1* 做内参基因，利用 $2^{-\Delta\Delta Ct}$ 法计算基因相对表达水平。实时荧光定量 PCR 引物由中科合成（天津）生物科技有限公司设计合成（表 3.4）。

表 3.4　实时荧光定量 PCR 引物

引物名称	5′ ⟶ 3′
Actin1-F	TCCATCTTGGCATCTCTCAG
Actin1-R	GTACCCTCATCAGGCATCTG
Lsi1-F	CGGTGGATGTGATCGGAACCA
Lsi1-R	CGTCGAACTTGTTGCTCGCCA
Lsi2-F	ATCTGGGACTTCATGGCCC
Lsi2-R	ACGTTTGATGCGAGGTTGG
Lsi3-F	CTGTATCCCTGTTGCCAGCTG
Lsi3-R	TAATCCGGCATGCGTACTTG
Lsi6-F	GAGTTCGACAACGTCTAATCGC
Lsi6-R	AGTACACGGTACATGTATACACG
OsABCC1-F	AACAGTGGCTTATGTTCCTCAAG
OsABCC1-R	AACTCCTCTTTCTCCAATCTCTG
OsPCS1-F	CGAAGATTCCATTTCCCAGA
OsPCS1-R	TCGAGGATATCGGTGAAAGC

3.2.2.3　抗氧化酶酶活性测定

采用 SOD 和 CAT 试剂盒法测定旗叶中抗氧化酶酶活性。

3.2.2.4 旗叶 H$_2$O$_2$ 含量测定

剪取新鲜旗叶样品浸泡在 10 μmol/L 的 H$_2$DCFDA（2′,7′-二氯二氢荧光素二乙酸酯）溶液中，在黑暗处避光孵育 2 h 后取出，用无菌去离子水反复清洗去除染液。将染色后的旗叶固定在载玻片上，用倒置荧光显微镜激发波长 488 nm 条件下观察荧光强度。

3.2.3 叶面喷施 SAC 对水稻籽粒和营养器官 As 含量的影响

由图 3.3a 可见，叶面喷施 SAC 可显著降低水稻籽粒中总 As 含量。随着 SAC 喷施浓度增加，籽粒中总 As 含量呈显著降低趋势，当喷施浓度达到 0.2 mmol/L 时，籽粒中的总 As 含量达到最低值，与 CK 相比显著降低 42.3%。随着 SAC 喷施浓度继续增加到 0.4 mmol/L 时，籽粒中总 As 含量反而出现显著增加，表明 SAC 的最佳喷施浓度为 0.2 mmol/L。

水稻叶面喷施 SAC 后，与 CK 相比，穗轴中的总 As 含量呈显著下降趋势（图 3.3b），但不同 SAC 喷施处理间穗轴总 As 含量未出现显著差异。当 SAC 喷施浓度为 0.2 mmol/L 时，穗轴总 As 含量与 CK 相比显著降低约 15.7%。

由图 3.3c、图 3.3e 可见，水稻第一节间和顶端第一节的总 As 含量变化趋势与籽粒大致相同，随着 SAC 喷施浓度的增加第一节间和顶端第一节中总 As 含量均出现显著降低趋势。与 CK 相比，当 SAC 喷施浓度达到 0.2 mmol/L 时，第一节间和顶端第一节中总 As 含量均降至最低值，其中第一节间总 As 含量与 CK 相比显著降低 61.9%，顶端第一节总 As 含量与对照 CK 处理相比显著降低 31.0%。可见，开花期叶面喷施 SAC 显著降低了水稻第一节间和顶端第一节中的总 As 含量。

喷施 SAC 后旗叶中总 As 含量变化趋势如图 3.3d 所示。随着 SAC 喷施浓度增加，与 CK 相比，旗叶中的总 As 含量呈显著上升趋势。当 SAC 喷施浓度在 0.2 mmol/L 以下时，旗叶中的总 As 含量随着 SAC 喷施浓度的增加，呈现显著增加趋势。当喷施浓度为 0.2 mmol/L 时，旗叶中的总 As 含量达到最高值，与 CK 相比显著增加了 72.4%。

水稻根部总 As 含量远高于其他营养器官和籽粒中总 As 含量（图 3.3f）。喷施 SAC 后水稻根部总 As 含量随着喷施浓度的增加呈现显著降低趋势。当 SAC 喷施浓度达到 0.2 mmol/L 时，根部总 As 含量降到最低值，与 CK 相比显著降低 20.6%。

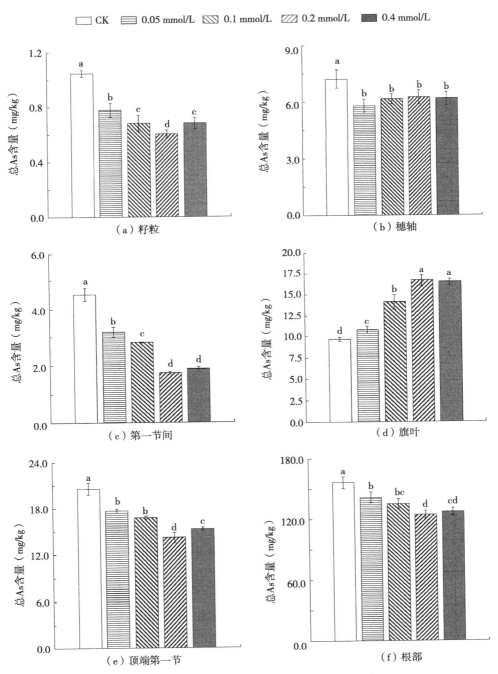

图 3.3 喷施 SAC 对水稻器官中 As 含量的影响

（柱上不同小写字母表示处理间差异达到 5% 显著水平）

3.2.4 喷施 SAC 对水稻不同营养器官间 As TF 的影响

TF 可以直观地反映 As 从一个营养器官向另一个营养器官的迁移能力。由图 3.4 可见，喷施 SAC 后 As 由穗轴向籽粒的 TF$_{籽粒/穗轴}$、由顶端第一节向第一节间的 TF$_{第一节间/第一节}$ 都呈现出显著降低趋势。随着喷施浓度的增加，当 SAC 喷施浓度达到 0.2 mmol/L 时，TF 达到最低值。与 CK 相比，TF$_{籽粒/穗轴}$ 显著降低 52.1%，TF$_{第一节间/第一节}$ 显著降低 45.0%。然而，经不同浓度 SAC 处理后 As 由顶端第一节向旗叶的 TF$_{旗叶/第一节}$ 呈现出逐渐增加趋势。当喷施浓度达到 0.2 mmol/L 时，TF$_{旗叶/第一节}$ 达到最大值，与 CK 相比，显著增加了 148.7%。综上可见，开花期在叶面喷施 SAC 显著降低了 As 由穗轴向籽粒和由顶端第一节向第一节间中的迁移，显著增加了 As 由顶端第一节向旗叶中的迁移。

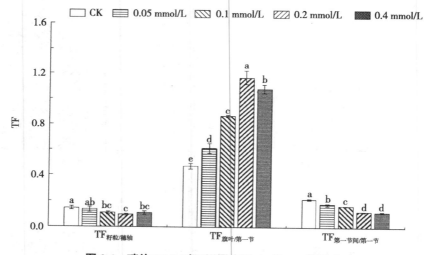

图 3.4 喷施 SAC 对不同器官间 As 的 TF 的影响

（柱上不同小写字母表示处理间差异达到 5% 显著水平）

3.2.5 喷施 SAC 对顶端第一节、旗叶、根中 As^{III} 相关转运基因表达水平的影响

试验过程中测定了喷施 SAC 对水稻顶端第一节中 As^{III} 相关转运子编码基因 *Lsi3*、*Lsi6* 以及旗叶中与解除 As 胁迫有关的 *OsABCC1*、*OsPCS1* 基因相对表达水平的影响，结果如图 3.5 所示。随着 SAC 喷施浓度的增加顶端第一节中 *Lsi3* 和

Lsi6 基因相对表达水平与 CK 处理相比呈现出显著下调趋势（图 3.5a）。当喷施浓度达到 0.2 mmol/L 时，顶端第一节中 *Lsi3* 和 *Lsi6* 基因相对表达水平下调至最低值，与 CK 处理相比分别下调 36.3% 和 59.8%。

随着 SAC 喷施浓度的增加，旗叶中 *OsPCS1* 和 *OsABCC1* 基因相对表达水平出现显著上调趋势（图 3.5b）。当 SAC 喷施浓度达到 0.2 mmol/L 时，旗叶中 *OsPCS1* 和 *OsABCC1* 的基因相对表达水平上调至最高值，与 CK 处理相比分别上调 57.6% 和 61.0%。

试验过程中测定了喷施 0.2 mmol/L SAC 对水稻幼嫩根尖中 3 个 As^{III} 吸收、转运基因表达水平的影响。由图 3.5c 可见，叶面喷施 0.2 mmol/L SAC 处理显著下调了根中 *OsLsi1*、*OsLsi2*、*OsLsi3* 基因相对表达水平，与 CK 相比 3 个基因的表达水平分别下调 27.2%、23.8%、29.5%。

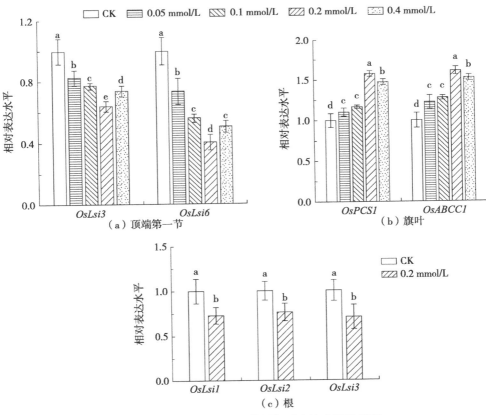

图 3.5 喷施 SAC 对水稻基因相对表达水平的影响

（柱上不同小写字母表示处理间差异达到 5% 显著水平）

3.2.6 喷施 SAC 对水稻旗叶 As 胁迫的影响

由图 3.6 可见，随着 SAC 喷施浓度的增加，水稻旗叶中 SOD 与 CAT 酶活性与 CK 相比均出现显著增强趋势。当 SAC 喷施浓度达到 0.2 mmol/L 时，旗叶中 SOD 和 CAT 酶活性最强，与 CK 相比分别显著升高 61.8% 和 105.3%。

叶片组织中 H_2O_2 经染色后在 488 nm 激发波长下发出绿色荧光，其强度与 H_2O_2 含量呈正相关。CK 旗叶中的绿色荧光强度最强，表明叶片中 H_2O_2 含量最高，受 As 胁迫程度最严重。随着 SAC 喷施浓度的增加，旗叶叶片荧光强度逐渐减弱，表明细胞中 H_2O_2 含量出现逐渐降低趋势。当喷施浓度为 0.2 mmol/L 时，旗叶叶片荧光强度最弱，表明此时旗叶叶片受 As 胁迫程度最轻。

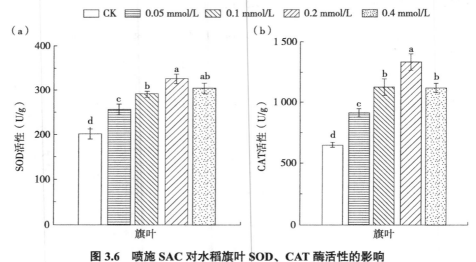

图 3.6 喷施 SAC 对水稻旗叶 SOD、CAT 酶活性的影响
（柱上不同小写字母表示处理间差异达到 5% 显著水平）

3.2.7 讨论与结论

稻米中 As 主要以 iAs 和二甲基胂酸（DMA）形态存在（赵方杰 等，2014），因此，膳食稻米是我国人群摄入 iAs 的主要途径，占到总平均摄入量的 60%（Li et al.，2011）。禾本科植物的节具有复杂、有序的维管束结构，在矿质元素的转运、分配中起到关键作用。水稻顶端第一节连接着旗叶和稻穗，从下层节间运输上来的矿质元素在顶端第一节中通过木质部维管束间的转运分配给旗叶和稻穗。

水稻灌浆期，在顶端第一节中高效表达的 *Lsi6* 转运子从通向旗叶的木质部膨大维管束流中高效卸载 Si，在 *Lsi3* 转运子接力作用下把 Si 装载进连通稻穗的木质部弥散维管束中并继续向稻穗中转运。Yamaji 等（2015）研究表明，当敲除 *Lsi6* 转运子后水稻旗叶中的 Si 含量将显著增加同时稻壳中 Si 含量显著降低，说明敲除 *Lsi6* 转运子后显著降低了顶端第一节中 Si 从旗叶向稻穗中的分配，导致旗叶中 Si 含量增加而稻壳中含量降低。本研究中，喷施 0.2 mmol/L 的 SAC 后顶端第一节中 *Lsi3*、*Lsi6* 转运子编码基因表达水平与 CK 相比分别显著下调了 36.3% 和 59.8%，水稻籽粒中总 As 含量显著降低 42.3%，旗叶中总 As 含量显著增加 72.4%。据这一结果推测，喷施 SAC 下调 *Lsi3*、*Lsi6* 转运子编码基因表达水平可能同时降低了 As^{III} 从通向旗叶的膨大维管束卸载能力以及向连接稻穗的弥散维管束装载能力，导致水稻籽粒中总 As 含量出现显著降低而旗叶中总 As 含量出现显著增加。当 SAC 喷施浓度达到 0.2 mmol/L 时，*Lsi3*、*Lsi6* 基因下调幅度最大，当进一步升高 SAC 喷施浓度时 2 个基因下调幅度反而出现显著减小趋势。与之对应籽粒中总 As 含量也在喷施 0.2 mmol/L SAC 时达到最低值，说明该喷施浓度为最佳喷施浓度。

水稻吸收及向中柱运输 Si 和 As^{III} 主要通过 *Lsi1*、*Lsi2* 转运子。*Lsi1* 转运子属于 NIP 亚支水通道蛋白，可以允许硅酸和 As^{III} 渗透通过，抑制 *Lsi1* 的表达将导致 As^{III} 吸收的减少。一般认为 *Lsi1* 是一种单向被动吸收转运子，但也有研究表明当水稻根在 As^{V} 胁迫下 *Lsi1* 可以向外部介质中排出 As^{III}，由此证实 *Lsi1* 是一种双向 As^{III} 转运子（Zhao et al.，2010）。*Lsi2* 是一种内排性 Si 和 As^{III} 转运子。*Lsi1* 和 *Lsi2* 都定位于水稻根系的内皮层和外皮层，但是 *Lsi1* 位于远端而 *Lsi2* 位于近端。*Lsi2* 通过消耗 ATP 主动将 As^{III} 向中柱方向运输，一方面在内皮层和外皮层中维持一种低 As^{III} 浓度，另一方面形成的浓度差可驱动 As^{III} 向内流过 *Lsi1* 转运子。*Lsi3* 也是一个内排转运子，主要负责向木质部装载 Si，该转运子主要在根部中柱鞘表达且没有极性，敲除 *Lsi3* 导致水稻在低 Si 条件下吸收量减少（Huang et al.，2022）。在本研究中，当 SAC 喷施浓度达到 0.2 mmol/L 时，*Lsi1*、*Lsi2*、*Lsi3* 转运子编码基因表达水平与 CK 相比分别显著下调 27.2%、23.8% 和 29.5%。这一结果表明，水稻根部对 As^{III} 的吸收、向中柱方向的运输能力出现显著降低。同时 *Lsi3* 基因显著下调可能预示着 As^{III} 向根部木质部导管的装载能力也出现显著降低。在此情况下，水稻根部总 As 含量与 CK 相比显著降低 20.6%。

在重金属胁迫作用下，植物会启动自身抗氧化系统大量合成抗氧化酶消除体内超氧自由基、H$_2$O$_2$、单线态氧等造成植物氧化损伤的物质。在本研究中，喷施 SAC 后水稻旗叶中 SOD 与 CAT 酶活性与 CK 相比均出现显著增加趋势。当 SAC 喷施浓度达到 0.2 mmol/L 时，旗叶中 SOD 和 CAT 与 CK 相比分别显著升高 61.8% 和 105.3%，表明喷施 SAC 增强了水稻自身抗氧化损伤能力，有助于解除 As 胁迫。荧光显微观察也表明随着 SAC 喷施浓度增加叶片中 H_2O_2 荧光强度显著减弱，表明 H_2O_2 含量显著减少。此外，将 As 区隔进液泡中也是一种重要的植物解毒机制，该过程依赖 PCs。在水稻细胞中，PCs 巯基与 As 螯合形成的复合物被位于液泡膜上的 *OsABCC1* 转运子区隔进液泡中储存起来，该过程是植物解毒的终极步骤。PCs 是一种由 GSH 聚合而成富含巯基的多肽，由 PCs 介导的重金属脱毒是植物和少数产生 PCs 生物体所特有的解毒机制。水稻中存在 2 种 PCs 合成酶即 *OsPCS1* 和 *OsPCS2*，其中 *OsPCS1* 对 As 具有较高的响应活性，而 *OsPCS2* 则对 Cd 等重金属的响应活性更高。在本研究中，喷施 0.2 mmol/L SAC 后，水稻旗叶中编码 *OsPCS1* 和 *OsABCC1* 的基因表达水平分别显著上调 57.6% 和 61.0%，表明叶片中 PCs 的合成量显著增加同时向液泡中转运的 PCs 结合态 As^{III} 含量也显著增加。上述这些结果表明，喷施 SAC 可通过增加抗氧化酶酶活性和向液泡中储存 As^{III} 达到降低 As 胁迫作用。

综上所述，开花期喷施 SAC 可以显著降低水稻籽粒中总 As 含量，当喷施浓度为 0.2 mmol/L 时效果最佳。开花期叶面喷施 SAC 可以显著缓解水稻 As 胁迫。开花期喷施 SAC 显著下调了 As^{III} 吸收和转运关键基因的表达水平，但是增加了向液泡中区隔 As 的基因表达水平，最终导致籽粒中总 As 含量显著降低。

3.3　喷施 SAC 对晚稻籽粒中 Pb 含量的影响

人类工业、农业生产活动直接或间接地向环境中排放了大量含 Pb 污染物，其中大部分留存于土壤表层。农田土壤中的 Pb 可以通过土壤—植物—食物的传递过程最终转移到人体内（王珊 等，2020），通过体内循环系统分布到肝脏、肾脏和肺等多个器官并在这些器官中逐步蓄积给人体健康造成潜在风险。20 世纪 80 年代，有关 Pb 摄入对儿童神经系统影响的研究被大量报道后，土壤 Pb 污染问题开始备受世界各国科学家的广泛关注（Yang et al.，2004）。2006 年，国际肿瘤研究协会（IARC）进一步将无机 Pb 及其化合物划分为 2A 类致癌物（可能对人体具有致癌活性）。

稻米中的 Pb 主要来源于水稻根系从土壤中吸收的 Pb，小部分可能来源于大气沉降到水稻叶面的 Pb。水稻籽粒 Pb 含量超标给人体健康造成潜在风险。为保护人体健康，GB 2762—2022《食品安全国家标准 食品中污染物限量》规定稻米中的 Pb 含量不得高于 0.2 mg/kg。本试验通过研究叶面喷施 SAC 对晚稻籽粒及根、茎营养器官中 Pb 含量的影响，评估 SAC 作为 Pb 叶面阻控剂的可行性。

3.3.1 试验材料与试验设计

试验区在广西壮族自治区桂平市（23°24′N，110°3′E）。试验田土壤类型为水稻土，水稻品种选用当地主栽优质稻品种百香 139，种子购于当地种子公司。

小区面积为 10.0 m²，长 5.0 m，宽 2.0 m，每个处理浓度重复 3 次。采用当地传统生产管理方法进行田间管理。采用化学除草剂除草，喷施化学农药进行田间防病、防虫。称取适量的 SAC 溶于田间灌溉水中，并加水稀释至 1.0 L，配制成 0.05 mmol/L、0.1 mmol/L、0.2 mmol/L、0.3 mmol/L 和 0.4 mmol/L 的 SAC 水溶液。水稻于 2019 年 6 月 12 日开始育秧，幼苗于 2019 年 7 月 26 日移植。分别于 2019 年 8 月 15 日、8 月 23 日水稻孕穗期和开花期阶段，用手持式喷雾器将 SAC 水溶液均匀喷洒于水稻植株的叶片表面，全生育期内共喷施 2 次。

3.3.2 样品的采集与分析

于水稻成熟期，每个小区随机取 3 株水稻完整植株。室温自然晾干后，用剪刀将根系与地上部植株分开。将地上部水稻植株分为籽粒、穗轴、第一节间、旗叶、第一节、第二叶、第二节、第二节间、第三节间和根共 10 个部分。去离子水冲洗 3 次，70℃下烘干 72 h。籽粒用砻谷机脱壳后获得糙米，用万能粉碎机磨成粉末，备用。地上部植株样品及根系样品经剪刀剪碎后，用万能粉碎机磨成粉末，备用。

分别于消解管中称取磨成粉末后植物样品约 0.25 g，加入 7 mL MOS 级浓硝酸浸泡 8 h，将消解管放入电热消解仪（Digi Block ED54）进行消解，110℃加热消解 2.5 h 后冷却至室温，加入 1 mL H_2O_2 摇匀，110℃继续加热 1.5 h，最后于 170℃将消解管内的液体浓缩至 0.5 mL 以内，去离子水稀释至 10 mL 后转移至 25 mL 容量瓶中并定容，用 ICP-MS 测定消解液中 Pb 以及矿质营养元素 K、Ca、Mg、Fe、Mn、Zn 含量。

3.3.3　喷施 SAC 对水稻籽粒及不同营养器官 Pb 含量影响

利用 ICP-MS 测定水稻籽粒和其他器官中 Pb 含量（图 3.7）。由图 3.7a 可见，随着 SAC 喷施浓度的增加，籽粒中 Pb 含量呈现出逐渐降低趋势。当 SAC 喷施浓度为 0.05 mmol/L 时，水稻籽粒中 Pb 含量与 CK 相比未出现显著差异；当 SAC 叶面喷施浓度达到 0.1 mmol/L 时，水稻籽粒中 Pb 含量与 CK 相比出现显著降低，降幅高达 34.04%；当 SAC 喷施浓度继续升高直至 0.4 mmol/L 时，籽粒中 Pb 含量均未出现持续显著降低趋势。综上可见，叶面喷施 0.1 mmol/L 的 SAC 即可显著降低水稻籽粒中 Pb 含量。

水稻各营养器官中 Pb 含量的变化趋势如图 3.7b～j 所示。由图 3.7b 可见，当 SAC 喷施浓度为 0.05 mmol/L 时，与 CK 相比穗轴中 Pb 含量变化不显著；当 SAC 喷施浓度达到 0.1 mmol/L 时，穗轴中 Pb 含量出现显著降低，降低幅度达到 49.71%；随着 SAC 喷施浓度持续增加，穗轴中 Pb 含量出现显著增加趋势，但是当 SAC 喷施浓度超过 0.3 mmol/L 后穗轴中 Pb 含量增加趋势不显著；当 SAC 喷施浓度达到最高喷施浓度 0.4 mmol/L 时，穗轴中 Pb 含量与 CK 相比降低 30.58%。地上部其他器官中 Pb 含量变化趋势与穗轴中 Pb 含量变化趋势类似，均表现出 SAC 喷施浓度大于 0.1 mmol/L 时，器官中 Pb 含量反而出现持续升高趋势。

由图 3.7h 可见，水稻植株地上部顶端第二节中的 Pb 含量最高，CK Pb 含量为 53.19 mg/kg，喷施 0.1 mmol/L SAC 后，Pb 含量下降 44.30%；其次是第一节（图 3.7e），CK 组 Pb 含量为 32.14 mg/kg，喷施 0.1 mmol/L 的 SAC 后，Pb 含量下降了 47.73% 左右；在所有地上部植株营养器官中第三节间中 Pb 含量排第三（图 3.7i），CK Pb 含量为 29.60 mg/kg，喷施 0.1 mmol/L 的 SAC 后，第三节间 Pb 含量下降 22.16%；第二节间 Pb 含量低于第三节间，第二节间中 CK 的 Pb 含量为 22.09 mg/kg，喷施 0.1 mmol/L SAC 后，第二节间中 Pb 含量下降 59.85%。旗叶中 Pb 含量排第五（图 3.7c），CK 的 Pb 含量为 14.41 mg/kg，喷施 0.1 mmol/L SAC 后，旗叶 Pb 含量下降 44.21%。第二叶 Pb 含量次于旗叶，CK 的 Pb 含量高达 12.44 mg/kg，喷施 0.1 mmol/L SAC 后，Pb 含量下降 40.03%。第一节间 Pb 含量（图 3.7d）小于第二叶，CK 的 Pb 含量高达 5.35 mg/kg，喷施 0.1 mmol/L SAC 后，Pb 含量下降 59.81%。穗轴中 Pb 含量最低，CK 仅为 3.40 mg/kg。喷施 SAC 后，Pb 在水稻地上部各营养器官中的分布变化情况如图 3.8 所示。

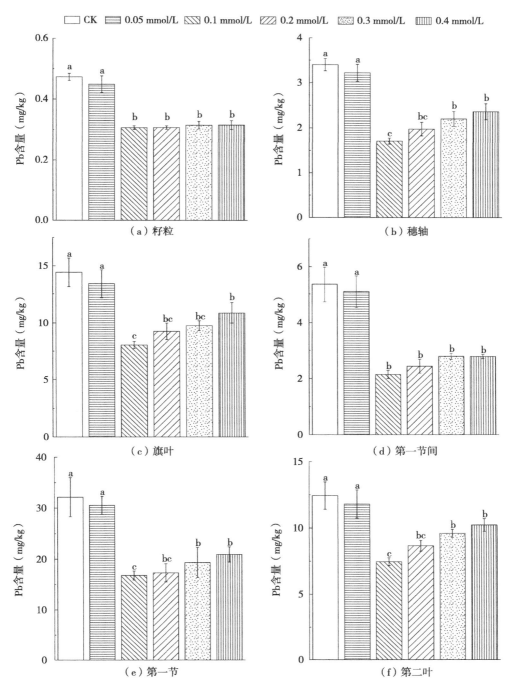

图 3.7 水稻不同器官中的 Pb 含量

（柱上不同小写字母表示处理间差异达到 5% 显著水平）

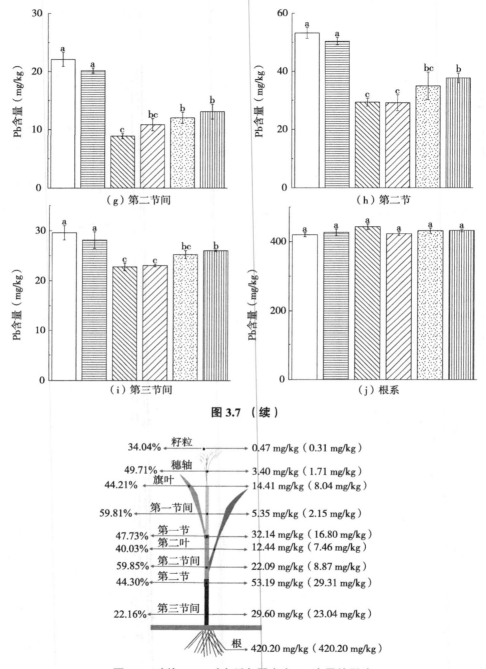

图 3.7 （续）

图 3.8 喷施 SAC 对水稻各器官中 Pb 含量的影响

［左侧数据为喷施 0.1 mmol/L SAC 后 Pb 降低值（%）；括号中数据为喷施 0.1 mmol/L SAC 后的 Pb 含量］

3.3.4 喷施 SAC 对水稻不同器官间 Pb TF 的影响

由图 3.9a 可见，喷施 SAC 显著增加了穗轴到籽粒的 TF $_{籽粒/穗轴}$ 和第一节间到穗轴的 TF $_{穗轴/第一节间}$。喷施 0.1 mmol/L 的 SAC 显著增加了 Pb 由穗轴到籽粒的 TF $_{籽粒/穗轴}$，增加幅度达到 22.40%，随着 SAC 喷施浓度的增加，TF $_{籽粒/穗轴}$ 表现出逐渐降低趋势，当 SAC 浓度达到 0.3 mmol/L 时，TF $_{籽粒/穗轴}$ 降低至与空白对照无显著差异。与之相似，喷施 0.1 mmol/L 的 SAC 也显著增加了 Pb 由第一节间到穗轴的 TF $_{穗轴/第一节间}$，增幅 25.35%，但是随着 SAC 喷施浓度增加各喷施浓度间 TF $_{穗轴/第一节间}$ 增幅差异不显著。

由图 3.9d 可见，喷施 SAC 后显著降低了 Pb 由第三节间向第二节的 TF $_{第二节/第三节间}$，最高降幅达到 29.77%，而且不同 SAC 喷施浓度间的 TF $_{第二节/第三节间}$ 并未表现出显著差异。与之相似，喷施 SAC 后 Pb 由根向第三节间的 TF $_{第三节间/根}$ 也出现显著降低，最高降幅达 24.26%，随着 SAC 喷施浓度升高，TF $_{第三节间/根}$ 也出现升高趋势，但是当 SAC 喷施浓度达到最高 0.4 mmol/L 时，TF $_{第三节间/根}$ 仍与 CK 存在显著差异。

由图 3.9b～c 可见，喷施 SAC 对 Pb 由旗叶向第一节的 TF $_{第一节/旗叶}$，由第二节间向第一节的 TF $_{第一节/第二节间}$，由第二节向第二节间的 TF $_{第二节间/第二节}$，由第二节向第二叶的 TF $_{第二叶/第二节}$ 均未造成显著影响。

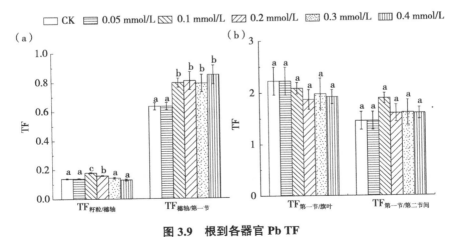

图 3.9 根到各器官 Pb TF

（柱上不同小写字母表示处理间差异达到 5% 显著水平）

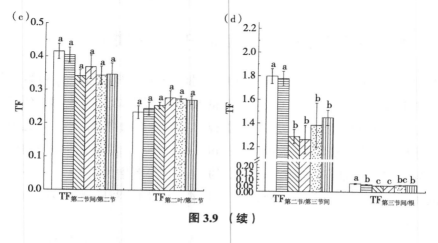

图 3.9 （续）

3.3.5 讨论与结论

在本研究中，分别在孕穗期和开花期叶面各喷施一次 SAC，显著降低了水稻籽粒中 Pb 含量，而且仅喷施浓度为 0.1 mmol/L 的 SAC 即可使水稻籽粒中 Pb 含量显著降低 34.04%，但随着喷施 SAC 浓度的增加，水稻籽粒中 Pb 含量并没有呈现持续下降的趋势。在本研究中喷施 SAC 后，不仅籽粒中重金属 Pb 含量显著降低，而且地上部所有营养器官中重金属 Pb 含量均出现显著降低。这说明喷施 SAC 降低 Pb 向籽粒运输的机制与喷施矿质营养元素降低籽粒中重金属含量的拮抗机制和利用巯基化合物与重金属形成螯合物的机制均有所不同。

水稻中含有多种人体必需矿质营养元素如 K、Mg、Ca、Fe、Mn、Zn 等（赵燕，2018）。这些必需元素在人体中具有重要生理功能，当缺 Fe 时会导致人体血红蛋白数量降低，免疫力下降；成人缺 Zn 可引发尿毒症、贫血等症状，儿童缺 Zn 会导致生长迟缓；成人缺 Mn 则会导致生殖功能紊乱，幼儿及青少年缺 Mn 会导致骨骼畸形，发育不良等症状（李颖 等，2013）。本研究结果表明，喷施 SAC 对水稻籽粒中人体必需矿质营养元素 K、Mg、Ca、Fe、Zn 的含量没有显著影响，但是在降低籽粒中 Pb 含量的同时也显著降低了籽粒中 Mn 的含量。有研究表明，重金属 Cd 与 Mn 在水稻体内共用 *OsNramp5* 转运蛋白，当敲除该转运蛋白编码基因后，水稻籽粒中 Cd 和 Mn 含量同时出现显著降低（Tang et al.，2017）。当在水稻开花期叶面喷施巯基化合物 DMSA 后，水稻籽粒中 Cd 和 Mn 也出现同时降低的现象（杨晓荣 等，2019），推测可能与影响 *OsNramp5* 表达有关。

关于 Pb 在水稻体内的转运蛋白报道较少，本研究中喷施 SAC 后水稻籽粒 Pb 和 Mn 含量也出现同时降低现象，是否也与 *OsNramp5* 转运蛋白表达有关需要进一步研究。此外，有研究表明在酿酒酵母中 Pb 能与 GSH 形成复合物（GS-Pb），缓解了 Pb 对酿酒酵母的胁迫作用。在 ABCC 转运子的运输下，GS-Pb 复合物被转运进液泡并被分隔在液泡内。在拟南芥的根细胞中也发现了类似过程，Pb 与 GSH 结合后可通过 *AtHMA3* 转运子转运到液泡，降低了 Pb 向地上部的转运。以上研究提示，喷施低浓度 SAC 也可能诱发 Pb 在水稻根系中被运输到液泡内封存从而起到降低 Pb 向地上部运输的作用，导致水稻地上部营养器官以及籽粒中的 Pb 含量均出现显著降低。但是 SAC 降低水稻籽粒及营养器官中 Pb 含量机制仍需进一步深入研究。

有研究表明，水稻地上部 Cd 含量最高的器官位于茎秆顶端第一节，对阻止 Cd 向籽粒中迁移起着重要作用（刘仲齐 等，2019）。本书对水稻地上部各器官中 Pb 含量的研究表明，基部节和节间中 Pb 含量表现出高于顶端节和节间中 Pb 含量的现象，Pb 在水稻茎中的分布呈现出从基部到顶端逐渐降低趋势。这一现象表明，重金属 Pb 在水稻体内的运移性低于 Cd。

综上所述，分别于水稻孕穗期和开花期各喷施一次 0.1 mmol/L SAC 即可显著降低水稻籽粒中 Pb 的含量，继续增加 SAC 的喷施浓度不会导致籽粒中 Pb 含量持续降低。叶面喷施 SAC 在保障 Pb 污染农田水稻安全生产方面具有良好的应用前景。

参 考 文 献

陈能场, 郑煜基, 何晓峰, 等, 2017.《全国土壤污染状况调查公报》探析 [J]. 农业环境科学学报, 36(9): 1689-1692.

李颖, 2013. 人体内的化学元素与人体健康 [J]. 课程教育研究(23): 167.

刘仲齐, 张长波, 黄永春, 2019. 水稻各器官镉阻控功能的研究进展 [J]. 农业环境科学学报, 38(4): 721-727.

王珊, 郑莉, 张晓, 等, 2020. 某河流域典型地区农田土壤中重金属铅、镉、铬的生态和健康风险评估 [J]. 中国卫生工程学, 19(3): 321-325.

严常开, 胡霞敏, 曾繁典, 2006. 丙基半胱氨酸的合成及其对脂质代谢的影响[J]. 中国新药杂志, 15(8): 616-620.

杨晓荣, 黄永春, 刘仲齐, 等, 2019. 叶面喷施二巯基丁二酸对晚稻籽粒镉及矿质元素含量的影响 [J]. 农业环境科学学报, 38(8): 1802-1808.

于焕云, 崔江虎, 乔江涛, 等, 2018. 稻田镉砷污染阻控原理与技术应用 [J]. 农业环境科学学报, 37(7): 1418-1426.

章秀福, 王丹英, 储开富, 等, 2006. 镉胁迫下水稻 SOD 活性和 MDA 含量的变化及其基因型差异[J]. 中国水稻科学, 20(2): 194-198.

赵方杰, 2014. 水稻砷的吸收机理及阻控对策 [J]. 植物生理学报, 50(5): 569-576.

赵燕, 2018. 镉胁迫对水稻矿质元素积累与水分代谢的影响 [D]. 北京: 中国农业科学院.

COLÍN-GONZÁLEZ A, SANTANA R A, SILVA-ISLAS C A, et al., 2012. The antioxidant mechanisms underlying the aged garlic extract-and S-allylcysteine induced protection[J].

Oxidative medicine and cellular longevity, 2012: 907162.

HUANG S, YAMAJI N, SAKURAI G, et al., 2022. A pericycle-localized silicon transporter for efficient xylem loading in rice[J].New phytologist, 234: 197-208.

ISHIMARU Y, TAKAHASHI R, BASHIR K, et al., 2012. Characterizing the role of rice NRAMP5 in manganese, Iron and cadmium transport[J]. Scientific reports, 2: 286-293.

JIANG M, JIANG J, LI S, et al., 2020. Glutamate alleviates cadmium toxicity in rice via suppressing cadmium uptake and translocation[J]. Journal of hazardous materials, 384: 121319.

LI G, SUN G X, WILLIAMS P N, et al., 2011. Inorganic arsenic in Chinese food and its cancer risk[J]. Environment international, 37(7): 1219-1225.

MA J F, YAMAJI N, MITANI N, et al., 2007. An efflux transporter of silicon in rice[J]. Nature, 448: 209-212.

MESTROT A, UROIC M K, PLANTEVIN T, et al., 2009. Quantitative and qualitative trapping of arsines deployed to assess loss of volatile arsenic from paddy soil[J]. Environmental science and technology, 43(21): 8270-8275.

SHAH K, KUMAR R G, VERMA S, et al., 2001. Effect of cadmium on lipid peroxidation, superoxide anion generation and activities of antioxidant enzymes in growing rice seedlings[J]. Plant science, 161(6): 1135-1144.

SODHI K K, KUMAR M, AGRAWAL P K, et al., 2019. Perspectives on arsenic toxicity, carcinogenicity and its systemic remediation strategies[J]. Environmental technology and innovation, 16: 100462.

TANG L, MAO B G, LI Y K, et al., 2017. Knockout of OsNramp5 using theCRISPR/Cas9 system produces low Cd-accumulating indica rice with-out compromising yield[J]. Scientific reports, 7: 14438.

WANG P T, ZHANG W W, MAO C Z, et al., 2016. The role of OsPT8 in arsenate uptake and varietal difference in arsenate tolerance in rice[J]. Journal of Experimental Botany, 67(21): 6051-6059.

YAMAJI N, SAKURAI G, MITANI-UENO N, et al., 2015. Orchestration of three transporters and distinct vascular structures in node for intervascular transfer of silicon in rice[J].PNAS, 112(36): 11401-11406.

YANG D Q, LIU S X, XIA G P, et al., 2019. Effects of cadmium stress on the growth of rice seedlings [J].Agricultural science & technology, 20(3): 11-16.

YANG Q W, SHU W S, QIU J W, et al., 2004. Lead in paddy soils and rice plants and its potential health risk around Lechang lead/zinc mine, Guangdong, China[J]. Environment international, 30: 883-889.

ZHAO F J, AGO Y, MITANI N, et al., 2010. The role of the rice aquaporin Lsi1 in arsenite efflux from roots[J]. New phytologist, 186(2): 392-399.

第 4 章

叶面喷施 SUC 降低水稻幼苗
Cd 含量机制

Cd 在水稻体内的迁移要经历根部吸收、木质部转运以及最终向营养器官、生殖器官分配等多个过程。重金属转运蛋白在 Cd 的吸收和转运过程中发挥着至关重要的作用。目前已有报道表明 *OsNRAMP1* 和 *OsNRAMP5* 转运子与水稻 Cd 吸收密切相关。研究表明，敲除这 2 个转运子编码基因后水稻 Cd 含量显著降低（Chang et al.，2020）。除上述 2 个转运子外，还有报道表明与 Fe 吸收有关的 *OsIRT1* 和 *OsIRT2* 转运子也参与水稻根系对 Cd 的吸收（Chang et al.，2023）。进入根细胞的 Cd 一部分被位于液泡膜的 *OsHMA3* 转运子区隔进液泡中，该过程是植物体自身的一种重要解毒机制，同时也具有降低 Cd 向地上部迁移的作用。Cd 从根部向地上部转运主要依赖 *OsHMA2* 转运子，它负责将 Cd 向水稻根部木质部装载，在蒸腾拉力作用下 Cd 从根部被转运至地上部，Cd 在水稻体内大量累积表观上会导致植株生长发育迟缓、叶片失绿、植物光合作用降低等现象（Chen et al.，2016），从细胞层面会导致膜脂过氧化并产生大量 ROS。为应对 Cd 的植物毒性，水稻会启动抗氧化酶系统以应对氧化损伤（Bari et al.，2019）。这些抗氧化酶主要包括 SOD、CAT 和 POD，它们是最常见的植物抗氧化损伤酶系。

氨基酸的生物合成及代谢与植物的非生物胁迫密切相关（王惠君　等，2021）。Glu 在植物氮代谢中扮演着重要角色，以 Glu 为合成前体的 Arg 和 Pro 在植物遭受逆境胁迫时会大量积累，已成为植物处于胁迫状态的重要指示剂。此外，Glu 对维持植物生长发育稳定以及应对生物及非生物胁迫都具有重要作用（Forde et al.，2007）。水稻在应对 Cd 胁迫时可以通过消耗 Glu 来缓解 Cd 毒性。此外，Jiang 等（2020）报道通过外源添加 Glu 减少了水稻幼苗对 Cd 的吸收和转运，降低了 Cd 在水稻幼苗根部和地上部的累积，同时缓解了水稻幼苗的 Cd 胁迫。

Glu 在植物体内的生物合成与糖代谢、TCA 过程密切相关。糖酵解过程的最终产物丙酮酸以乙酰辅酶 A（乙酰 CoA）的形态进入 TCA 过程，进一步在多种酶催化作用下生成 α-KG，即 Glu 的生物合成前体，它在 Glu 合成酶（GOGAT）的催化下进一步生成 Glu。通过调控植物内源 Glu 生物合成能否影响水稻对 Cd 的吸收、转运以及 Cd 在水稻体内的赋存形态仍然未见相关报道。采用水培试验探讨了通过叶面喷施 SUC 调控 Glu 生物合成对水稻幼苗 Cd 吸收、转运及其赋存形态的影响。

4.1 材料与方法

4.1.1 植物材料与培养条件

供试水稻种子为我国南方主栽水稻品种之一中早 35。试验时人工筛除干瘪、霉坏的种子，挑选饱满且无病斑、破损种子在 5% H_2O_2 水溶液中浸泡消毒 30 min，去离子水反复冲洗多次后均匀平铺在育苗盘上，移入恒温培养箱 28℃黑暗条件下发芽 3 d。种子生根后转移至人工气候室内，待种子幼芽生长展开时加入 1/10 Hoagland 营养液直至水稻幼苗长至两叶一心，此时挑选长势一致幼苗移入 8 L 水培箱中，直至水稻幼苗长至三叶一心期待喷药处理，其间留心观察随时补充水分及适量营养液。水培试验过程在人工气候室内完成。人工气候室条件参数为昼夜时间 16 h/8 h，昼夜温度为 28℃/20℃，相对湿度 60%。

4.1.2 样品采集与处理

将长至三叶一心期水稻幼苗转入含有 2.7 μmol/L $CdCl_2$ 的 1/10 Hoagland 营养液中继续培养 3 d 后进行喷施处理。试验处理分为 5 组：①无 Cd^{2+} 胁迫及不喷施 SUC 的 CK0；② Cd^{2+} 胁迫且喷施 50 mL 蒸馏水的对照组 CK；③ Cd^{2+} 胁迫且喷施 50 mL 0.2 g/L SUC 溶液；④ Cd^{2+} 胁迫且喷施 50 mL 0.6 g/L SUC 溶液；⑤ Cd^{2+} 胁迫且喷施 50 mL 1.0 g/L SUC 溶液。共计喷施 3 次，每次喷施间隔 3 d。第三次喷施 3 d 后采集样品，将采集的幼苗分为根部与茎叶 2 个部分，分别装于信封中，于 110℃烘箱中杀青 15 min 后，70℃烘干至恒重，备用。

4.1.3 测定方法

4.1.3.1 Cd 及相关矿质元素测定

参照王晓丽等（2023）的方法，测定幼苗根部及茎叶中的 Cd 含量。取烘干粉碎后的样品（茎叶 0.25 g、根部 0.1 g）于消煮管中，加入 7 mL（MOS 级）

HNO$_3$ 浸泡隔夜。在电热消解仪（Digi Block ED54）上，将样品在 110℃下加热消解 2.5 h，停止加热后冷却至室温，并加入 1.0 mL 的 H$_2$O$_2$ 混匀消解 1.5 h。随后升温至 170℃赶酸，直至管内剩余液体体积小于 0.5 mL 后停止加热。最后，用去离子水转移并定容至 25.0 mL。使用 ICP-MS，测定样品中 Cd、Mg、K、Ca、Fe、Mn 和 Zn 含量。

4.1.3.2　Cd 化学形态分析

参照 Fu 等（2011）的方法并作简化。依次按照以下顺序通过指定溶液进行分步提取。这些溶液分别为乙醇（F$_E$，80%）、去离子水（F$_W$）、氯化钠（F$_{NaCl}$，1.0 mol/L）、醋酸（F$_{HAC}$，2.0%）、盐酸（F$_{HCl}$，0.6 mol/L）。取 0.5 g 新鲜幼苗样品，用研钵冷冻匀浆后加入 25 mL 提取溶液，在 22℃下振荡 22 h。随后，以 5 000×g 离心 10 min，收集上清液，沉淀加入 10 mL 相同提取液，在 22℃下振荡 2 h，以 5 000×g 离心 10 min，重复 2 次，收集上清液，合并 3 次上清液。重复上述操作，分别得到 5 种提取液的上清液 F$_E$、F$_W$、F$_{NaCl}$、F$_{HAC}$ 和 F$_{HCl}$，其中合并 F$_E$ 与 F$_W$ 作为可溶性组分，其余则为难溶性组分。将上清液倒入消煮管中，在 100℃下烘干，经 HNO$_3$-H$_2$O$_2$ 消解后用原子吸收光谱仪测定样品中 Cd 含量。

4.1.3.3　游离氨基酸的测定

参照 Zhao 等（2019）的方法进行。称取 0.2 g 经烘干并过 100 目筛的幼苗样品，加入 4 mL 去离子水，水浴超声 30 min，然后在 4℃下以 12 000×g 离心 10 min，收集上清液待测。上清液经 0.22 μm 滤膜过滤后，使用高效液相色谱仪（Agilent 1200，美国）测定样品中游离氨基酸的含量。

4.1.3.4　RNA 提取和基因表达分析

采用试剂盒法提取水稻 RNA 并完成反转录获得 cDNA，上述过程按照试剂盒提供的操作步骤完成。首先，将新鲜幼苗样品用液氮研磨，使用 OMEGA 植物总 RNA 试剂盒提取样品中的 RNA。进一步采用 HiScript® II Q RT SuperMix for qPCR（+gDNA wiper）R223 试剂盒对提取的 RNA 进行预处理，预处理后的样品在 PTC-100 仪上进行反转录制备 cDNA。获得的 cDNA 样品在 BIO-RAD CFX96（BioRad，USA）仪上利用 ChamQTM Universal SUBR®qPCR Master Mix Q711 试剂盒进行实时定量聚合酶链式反应。使用 *Actin* 作为内参基因，并按照

$2^{-\Delta\Delta Ct}$ 法进行相对表达量计算。

表 4.1　实时荧光定量 PCR 引物

引物名称	5′ ⟶ 3′
Actin1-F	TCCATCTTGGCATCTCTCAG
Actin1-R	GTACCCTCATCAGGCATCTG
OsNRAMP1-F	ATCGGCTAATCTTGGAGTGGT
OsNRAMP1-R	TTTGCTGATGCGGGTGTATTC
OsNRAMP5-F	AGTGGTTACAGGGAGGCATC
OsNRAMP5-R	GTCTTCCTCGATAGCACCAAG
OsIRT1-F	GCAATTCGCTGCATTGTTAGAT
OsIRT1-R	GAGAAGTCACAGTCACTGTACA
OsIRT2-F	CTTCCACCAGATGTTCGAGG
OsIRT2-R	GGTGGAGAAGAAGAAGACCAG
OsHMA2-F	CATAGTGAAGCTGCCTGAGTAC
OsHMA2-R	GATCAAACGCATAGCAGCATCG

4.1.3.5　丙酮酸、α-KG 含量和抗氧化酶酶活性测定

丙酮酸、α-KG 含量、SOD、CAT、POD、MDA 均使用相应的试剂盒测定，试剂盒购自索莱宝（北京）公司。

4.2　叶面喷施 SUC 对水稻幼苗 Cd 含量的影响

试验过程中测定了不同处理下水稻幼苗地上部和根部的 Cd 含量（图 4.1）。由图 4.1 可见，在选定的 Cd 胁迫浓度下，CK 中水稻幼苗地上部 Cd 含量最高可达到 19.2 mg/kg。根部 Cd 含量远高于地上部，可达到 1 313.4 mg/kg。喷施 SUC 显著降低了幼苗地上部和根部 Cd 含量，且随着喷施 SUC 浓度的增加幼苗 Cd 含量呈现逐渐降低趋势。当 SUC 喷施浓度达到 1.0 g/L 时，地上部和根部 Cd 含量降幅最大。与 CK 相比，地上部 Cd 含量降低了 26.7%，根部 Cd 含量降低了 22.0%。

矿质元素 K、Ca、Mg、Mn、Fe、Zn 是水稻生长发育的必需营养元素，测

定结果如表 4.2 所示。同一元素在幼苗不同部位含量差异明显。K、Ca、Mg 和 Mn 地上部含量高于根部。Fe 和 Zn 相反，根部含量高于地上部。喷施 SUC 后对水稻根部的 Zn 含量产生显著影响，根部 Mn 含量略有降低但未达到显著差异，Zn 含量则出现显著降低。SUC 处理对水稻其他矿质元素无显著性影响。

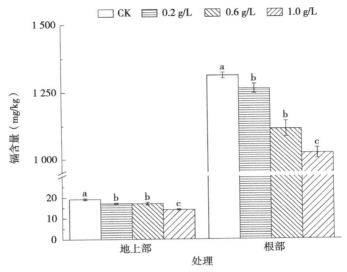

图 4.1　叶面喷施 SUC 对水稻幼苗 Cd 含量的影响

（柱上不同小写字母表示处理间差异达到 5% 显著水平）

表 4.2　叶面喷施 SUC 对水稻幼苗必需营养元素含量的影响

部位	处理	K（g/kg）	Ca（g/kg）	Mg（g/kg）	Mn（mg/kg）	Fe（g/kg）	Zn（mg/kg）
地上部	CK	19.34 ± 0.14a	8.40 ± 0.09a	11.85 ± 0.99a	25.14 ± 0.83a	35.50 ± 2.91a	30.83 ± 0.46a
	0.2 g/L	19.43 ± 0.25a	8.42 ± 0.48a	13.23 ± 0.77a	23.59 ± 0.20a	33.66 ± 0.78a	30.50 ± 0.56a
	0.6 g/L	19.11 ± 0.81ab	8.28 ± 0.17a	12.22 ± 0.44a	23.92 ± 0.01a	34.62 ± 0.10a	30.79 ± 0.16a
	1.0 g/L	18.73 ± 0.91a	8.22 ± 0.12a	11.37 ± 0.12a	23.35 ± 0.07a	34.82 ± 0.11a	30.50 ± 0.48a
根部	CK	5.81 ± 0.74a	3.37 ± 0.07a	6.77 ± 0.06a	8.88 ± 0.13a	70.86 ± 0.73a	58.89 ± 0.47a
	0.2 g/L	5.09 ± 0.57a	3.47 ± 0.06a	6.44 ± 0.13a	8.61 ± 0.29a	73.24 ± 0.14a	59.78 ± 0.97a
	0.6 g/L	5.89 ± 0.29a	3.25 ± 0.11a	6.66 ± 0.18a	8.57 ± 0.23a	75.18 ± 0.25a	56.85 ± 0.76ab
	1.0 g/L	5.94 ± 0.17a	3.38 ± 0.10a	6.66 ± 0.19a	8.58 ± 0.19a	74.76 ± 0.11a	54.28 ± 0.70c

注：同列不同小写字母表示不同处理间差异显著（$P < 0.05$）。

4.3 叶面喷施 SUC 对水稻幼苗 Cd 化学形态的影响

不同处理对水稻幼苗 Cd 化学形态的影响如图 4.2 所示。喷施 SUC 后，水稻幼苗地上部和根部的可溶态 Cd 含量随着 SUC 喷施浓度增加呈现显著降低趋势，难溶态 Cd 含量则呈现显著上升趋势。当 SUC 喷施浓度达到 1.0 g/L 时，幼苗地上部和根部可溶态 Cd 含量分别显著减低了 10.1% 和 34.5%。相反，幼苗地上部难溶态 Cd 含量与 CK 相比显著增加了 63.7%，根部显著增加了 33.0%。

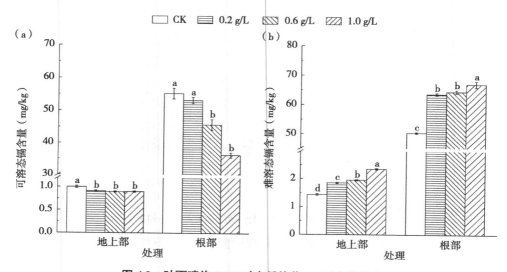

图 4.2 叶面喷施 SUC 对水稻幼苗 Cd 形态的影响
（柱上不同小写字母表示处理间差异达到 5% 显著水平）

4.4 叶面喷施 SUC 对水稻幼苗根部 Cd 转运基因相对表达水平的影响

分别测定了在有、无 Cd 添加及在 Cd 胁迫条件下喷施 1.0 g/L SUC 时水稻幼苗根部参与 Cd 吸收和转运的 *OsNRAMP1*、*OsNRAMP5*、*OsIRT1*、*OsIRT2*、*OsHMA2* 5 种转运子编码基因的表达情况，结果如图 4.3 所示。在 Cd 胁迫条件下，5 种 Cd 转运子编码基因相对表达水平与 CK0 处理相比分别显著上调 40.4%、183.4%、66.4%、37.1%、23.1%。喷施 1.0 g/L SUC 后，5 种转运子编码基因与 CK 处理组相比分别显著下调 19.0%、78.8%、62.5%、18.9%、16.3%。

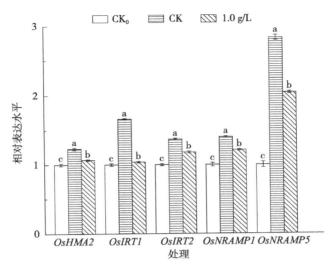

图 4.3　叶面喷施 SUC 对水稻幼苗 Cd 转运基因表达水平的影响

（柱上不同小写字母表示处理间差异达到 5% 显著水平）

4.5　叶面喷施 SUC 对水稻幼苗糖酵解与 TCA 途径的影响

图 4.4a 显示了喷施 SUC 对水稻幼苗体内丙酮酸含量的影响。喷施 SUC 显著增加了幼苗体内丙酮酸含量，且随着 SUC 喷施浓度增加地上部和根部丙酮酸含量均呈现显著增加趋势。当 SUC 浓度达到 1.0g/L 时，水稻幼苗地上部和根部丙酮酸含量达到最大值，相较于 CK 分别显著增加了 11.8% 和 23.6%。

喷施 SUC 后水稻幼苗地上部和根部 α-KG 含量变化趋势与丙酮酸类似，结果如图 4.4b 所示。随着 SUC 喷施浓度增加水稻幼苗地上部和根部 α-KG 含量呈现显著增加趋势，当 SUC 喷施浓度达到 1.0 g/L 时，幼苗地上部和根部 α-KG 含量与 CK 相比分别显著增加 27.5% 和 35.3%。

4.6　叶面喷施 SUC 对水稻幼苗 Glu 族氨基酸含量的影响

如图 4.5 所示，叶面喷施 SUC 溶液对水稻幼苗 Glu、Arg、Pro 的生物合成具有显著促进作用。水稻幼苗地上部和根部氨基酸含量随着 SUC 喷施浓度增加呈显著上升趋势。当 SUC 溶液喷施浓度达到 1.0 g/L 时，地上部 Glu、Arg、Pro

含量增幅最大，与 CK 相比分别显著增加 165.3%、39.2%、63.2%，根部 3 种氨基酸含量与 CK 相比分别显著增加 40.9%、20.0%、111.9%。

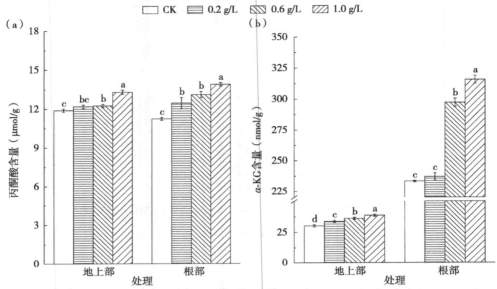

图 4.4　叶面喷施 SUC 对水稻幼苗糖酵解和 TCA 途径的影响

（柱上不同小写字母表示处理间差异达到 5% 显著水平）

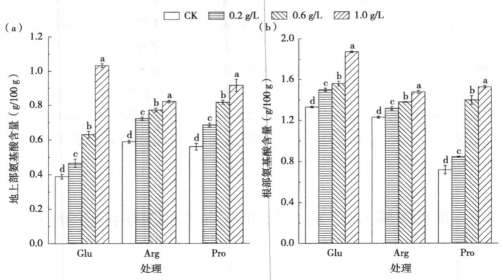

图 4.5　叶面喷施 SUC 对水稻幼苗氨基酸合成的影响

（柱上不同小写字母表示处理间差异达到 5% 显著水平）

4.7　叶面喷施 SUC 对水稻幼苗氧化损伤的影响

抗氧化酶酶活性通常被认为是植物对抗非生物胁迫的防御性指标。SOD、CAT 和 POD 酶活性变化如图 4.6 所示。喷施 SUC 后，水稻幼苗地上部和根部的 SOD、CAT、POD 酶活性均随着 SUC 喷施浓度增加呈现逐渐增加趋势。当 SUC 喷施浓度达到 1.0 g/L 时，地上部 3 种酶活性分别显著增加 66.9%、21.4%、23.6%，根部 3 种酶活性分别显著增加 57.2%、37.7%、11.2%。与之相反，水稻幼苗地上部和根部的 MDA 含量则随着 SUC 喷施浓度增加呈现降低趋势，当 SUC 喷施浓度达到 1.0 g/L 时，地上部和根部 MDA 含量分别显著降低 37.2% 和 54.9%。

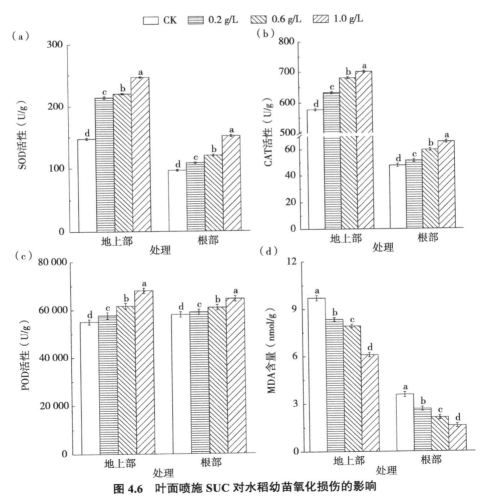

图 4.6　叶面喷施 SUC 对水稻幼苗氧化损伤的影响

（柱上不同小写字母表示处理间差异达到 5% 显著水平）

4.8 讨论与结论

植物体内的糖代谢与 TCA、氨基酸生物合成密切相关。糖酵解和 TCA 为氨基酸生物合成提供了物质基础。氨基酸在植物体内的多重作用已广为人知，它不仅是蛋白质的基本组成单元，同时还可作为植物代谢产物或生物合成中间体。植物体内累积的多种氨基酸均具有与重金属离子螯合功能。His 在植物体内可与 Ni 形成 His-Ni 金属复合物，Asn 可与 Pb^{2+}、Zn^{2+}、Cd^{2+} 形成配合物（Zhang et al.，2022）。氨基酸与重金属离子的结合减轻了金属离子的植物毒性，有助于植物的正常生长发育同时也降低了金属离子的可移动性。Glu 又称 α-氨基戊二酸，在植物体内主要由谷氨酸合成酶（GOGAT）以 TCA 过程重要中间产物 α-KG 为底物经转氨基作用合成而来。目前已知 Glu 在植物应答环境胁迫响应过程中扮演着关键角色（Batista-Silva et al.，2019）。在本研究中，叶面喷施 SUC 后水稻幼苗地上部和根部的丙酮酸含量分别显著增加 11.8% 和 23.6%，表明喷施 SUC 促进了水稻幼苗糖酵解过程。

丙酮酸是 TCA 过程的前体物质，其含量增加有可能加速 TCA 过程。试验过程中进一步测定了 TCA 重要中间产物 α-KG 含量，结果表明幼苗地上部和根部含量分别显著增加 27.5% 和 35.3%，表明喷施 SUC 同时促进了 TCA 过程。在此基础上，对幼苗地上部和根部 Glu 含量测定结果表明二者分别显著增加 165.3%、40.9%。前期已有报道表明，Glu 在水稻体内可与 Cd^{2+} 形成螯合物降低 Cd 毒性同时还降低了 Cd 从根部向幼苗地上部转运（Xue et al.，2023）。本研究中测定了水稻幼苗地上部和根部难溶态 Cd 含量以及总 Cd 含量，结果显示这 2 部分器官中难溶态 Cd 分别显著增加 63.7% 和 33.0%，而地上部总 Cd 含量显著降低 26.7%。这些结果说明幼苗 Glu 含量增加促进了 Glu 与 Cd^{2+} 的螯合，降低了 Cd 在水稻幼苗体内的移动性，部分解释了喷施 SUC 降低水稻幼苗地上部 Cd 的潜在机制。

目前已有的研究表明，Cd^{2+} 主要借助其他二价金属阳离子转运蛋白进入植物体内并在植物体内进行转运，例如，Cd^{2+} 主要通过 Mn^{2+}、Fe^{2+} 转运蛋白 *OsNRAMP1*、*OsNRAMP5*、*OsIRT1*、*OsIRT2*（You et al.，2021）从外部进入到水稻根部，并借助 Zn^{2+} 转运蛋白 *OsHMA2* 进一步从根部向地上部迁移。Jiang 等（2020）研究表明，在水稻幼苗培养液中添加 Glu 可以下调与 Cd 吸收和转运相关的蛋白编码基因降低水稻幼苗 Cd 含量。以上结果表明 Glu 具有信号分子功能可以参与调控 Cd 转运相关基因表达。在本研究中，我们测定了 3 种不同处理下相关 Cd 转运基因的相对表达量，与 CK0 相比，添加 Cd 处理组水稻幼苗根部 Cd 吸收、转运相关基因表达水平均出现显著上调，这一结果表明添加 Cd 后促进了幼苗对 Cd 的吸收，该现象与先前的研究结果一致（Feng et al., 2023）。然而，当叶面喷施 SUC 后显著下调了幼苗根部 Cd 吸收和转运相关基因的表达，减少了 Cd 在水稻幼苗体内的积累。结合幼苗根部 Glu 含量显著增加，地上部总 Cd 含量显著降低，这些结果说明内源 Glu 调控了 Cd 吸收和转运基因的表达。综上，喷施 SUC 通过促进糖酵解和 TCA 过程，增加了水稻幼苗内源 Glu 含量，降低了幼苗根部 Cd 的可移动性，同时 Glu 下调了 Cd 吸收和转运相关基因表达，2 种因素共同导致幼苗地上部 Cd 含量显著降低。

重金属积累会引发植物产生大量 ROS，导致植物细胞出现氧化损伤。Cd 的毒性导致抗氧化酶酶活性受到抑制间接促进了 ROS 的生成（Rahman et al., 2017）。为了对抗这些 ROS 维持正常生长，植物进化出了抗氧化酶和非抗氧化分子，如 GSH 和 PCs 等，统称抗氧化系统。常见抗氧化酶包括 SOD、CAT 和 POD。抗氧化酶酶活性增强可以提高植物对 Cd 的耐受性。SOD 作为对抗 ROS 的首要防线，能够将超氧化物阴离子分解为氧分子和 H_2O_2（Hussain et al., 2021）。CAT 则能够进一步将 H_2O_2 转化为 H_2O 和 O_2。植物 POD 在缓解氧化应激反应中发挥重要作用，它可以减轻 ROS 引发的氧化损伤并降低 H_2O_2 水平。MDA 作为细胞膜脂被 ROS 氧化的最终产物，其含量水平可作为植物膜脂过氧化程度的重要指示剂。在本研究中，叶面喷施 1.0 g/L SUC 后幼苗地上部 SOD、POD、CAT 酶活性分别显著增加 66.9%、21.4%、23.6%，MDA 含量减少 37.2%，表明喷施 SUC 提高了抗氧化酶酶活性，减少了细胞氧化损伤程度。这可能与幼苗地上部茎叶中难溶态 Cd 含量增加，同时总 Cd 含量减少有关。

综上所述，叶面喷施 SUC 可加速水稻幼苗糖酵解、TCA 过程，增加 Glu 生物合成；叶面喷施 SUC 缓解了水稻幼苗 Cd 胁迫；内源 Glu 含量增加一方面使水稻根部难溶态 Cd 含量增加，降低了 Cd 向地上部迁移能力，另一方面诱导 Cd 吸收、转运相关基因下调，导致幼苗 Cd 含量降低。

参 考 文 献

王惠君, 薛卫杰, 张昕, 等, 2021. 叶面喷施苹果酸对水稻 Cd 积累特性的影响 [J]. 农业环境科学学报, 40(2): 269-278.

王晓丽, 王常荣, 刘仲齐, 等, 2023. 叶面喷施 2,3-二巯基丁二酸降低水稻幼苗茎叶镉含

量的机制 [J]. 农业环境科学学报, 42(5): 974-983, 1187.

BARI M A, AKTHER M S, REZA M A, et al., 2019. Cadmium tolerance is associated with the root-driven coordination of cadmium sequestration, iron regulation, and ROS scavenging in rice[J]. Plant physiology and biochemistry, 136: 22-33.

BATISTA-SILVA W, HEINEMANN B, RUGEN N, et al., 2019. The role of amino acid metabolism during abiotic stress release[J]. Plant cell and environment, 42(5): 1630-1644.

CHANG J D, HUANG S, YAMAJI N, et al., 2020. OsNRAMP1 transporter contributes to cadmium and manganese uptake in rice[J]. Plant cell & environment, 43(10): 2476-2491.

CHEN D, GUO H, LI R, et al., 2016. Low uptake affinity cultivars with biochar to tackle Cd-tainted rice: a field study over four rice seasons in Hunan, China[J]. Science of the total environment, 541: 1489-1498.

FENG K, LI J, YANG Y, et al., 2023. Cadmium absorption in various genotypes of rice under cadmium stress[J]. International journal of molecular sciences, 24(9): 8019.

FORDE B G, LEA P J, 2007. Glutamate in plants: metabolism, regulation, and signaling[J]. Journal of experimental botany, 58(9): 2339-2358.

FU X, DOU C, CHEN Y, et al., 2011. Subcellular distribution and chemical forms of cadmium in *Phytolacca americana* L.[J]. Journal of hazardous materials, 186(1): 103-107.

HUSSAIN B, UMER M J, LI J, et al., 2021. Strategies for reducing cadmium accumulation in rice grains[J]. Journal of cleaner production, 286: 125557.

JIANG M, JIANG J, LI S, et al., 2020. Gutamate alleviates cadmium toxicity in rice via suppressing cadmium uptake and translocation[J]. Journal of hazardous materials, 384, 121319.

RAHMAN M F, GHOSAL A, ALAM M F, et al., 2017. Remediation of cadmium toxicity in field peas (*Pisum sativum* L.) through exogenous silicon[J]. Ecotoxicology & environmental safety, 135: 165-172.

YOU Y, LIU L, WANG Y, et al., 2021. Graphene oxide decreases Cd concentration in rice seedlings but intensifies growth restriction[J]. Journal of hazardous materials, 417: 125958.

ZHANG Z W, DENG Z L, TAO Q, et al., 2022. Salicylate and glutamate mediate different Cd accumulation and tolerance between *Brassica napus* and *B. juncea*[J]. Chemosphere, 292: 133466.

ZHAO Y, ZHANG C, WANG C, et al., 2019. Increasing phosphate inhibits cadmium uptake in plants and promotes synthesis of amino acids in grains of rice[J]. Environmental pollution, 257(3): 113496.

第 5 章

喷施 L-Cys 对水稻 Cd 和矿质元素
含量的影响

　　L-Cys 是一种生物体内常见的含 S α-氨基酸，L-Cys 中的活性疏基（—SH）基团具有还原性和化学反应活性，在蛋白质和细胞膜的生物合成中发挥关键作用，能够保护细胞免受氧化损伤，在生物体中起着多种重要作用（Na et al., 2011）。L-Cys 是合成自由基清除剂 GSH 的重要前体，其结构中的疏基作为重要活性官能团，能够与金属离子形成不溶性的硫醇盐，在抗氧化、排除体内毒素、构建和维持细胞膜和髓鞘等方面发挥关键作用，而 L-Cys 水平太低则会损害生物体的免疫系统（Kanikarla-Marie et al., 2019）。富含 L-Cys 的转运蛋白，如金属硫蛋白是生物体内最广泛的 Cd 转运蛋白，而 PCs 在水稻中也起到运输和储存 Cd 的作用。植株体内 Cys 含量显著增加是导致水稻突变体 *cadt1* 耐 Cd 性增强的主要原因之一（Chen et al., 2020）。由于 L-Cys 有助于缓解植物对重金属诱导的氧化应激（Rajab et al., 2020），近年来利用 L-Cys 应对重金属胁迫逐渐成为焦点。

　　叶面喷施 L-Cys 对 Cd 污染水稻的作用及其机制研究还鲜见报道。本研究通过田间试验，在 Cd 污染农田水稻开花期叶面喷施不同浓度的 L-Cys，研究其对水稻籽粒中 Cd 和矿质营养元素含量的影响，并通过分离水稻各部位营养器官并检测其 Cd 分布和 Cd 赋存形态的方法，探索叶面喷施 L-Cys 对水稻 Cd 积累和转运的调控机制，以期为其作为水稻降 Cd 叶面调理剂的应用提供数据支持和理论依据。

5.1　材料与方法

5.1.1　试验地点与试验方法

5.1.1.1　试验点概况

　　本试验地点位于湖南省湘潭市（27°52′N，112°51′E），其是重要的矿冶和重工业基地，早期工业污染严重，同时我国南方降水频繁且水网复杂，造成农田 Cd 污染直接影响水稻安全生产。试验点土壤类型为水稻土，耕层土壤 pH 值 5.6，有机质含量 17.5 g/kg，阳离子交换量 9.5 cmol/kg，Cd 含量 0.6 mg/kg。试验水稻品种为当地主栽品种华占，种子购于当地种子公司。L-Cys 购于上海麦克林生化科技股份有限公司，纯度 99%。

5.1.1.2 试验方法

称取适量的 L-Cys 溶于田间灌溉水，并加水稀释至 1.0 L，配制成 0.5 mmol/L、5 mmol/L 和 10 mmol/L L-Cys 水溶液，作为处理组，本试验共设置 1 个空白对照喷施组（CK），3 个处理组，每组设 4 次重复。田间试验小区面积设定为 5 m²（2 m×2.5 m）。水稻于 2019 年 6 月育秧，7 月下旬移栽至稻田，9 月下旬（开花期）在叶面均匀喷施不同浓度 L-Cys。整个生育期无显著病虫害发生。

5.1.2 样品采集与处理

于水稻成熟期，选取小区中心处喷施较为均匀部分，用铁锹每小区随机连根挖取 4 株水稻植株，装入网袋。常温自然风干后，将水稻植株分为籽粒、穗轴、穗颈（第一节间）、旗叶、第一节（穗下节）、第二节、第二叶、第二节间、基部茎叶和根共 10 个部分（图 5.1）。去离子水冲洗 3 次，于 70℃下烘干 72 h，冷却至室温。籽粒用砻谷机脱壳后磨成粉末，其余部位剪刀剪碎后用万能粉碎机磨粉，分别收集备用。

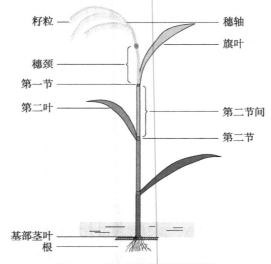

图 5.1 水稻各营养器官示意图

5.1.3　Cd 及水稻矿质元素的测定方法

分别称取 0.5 g 籽粒粉末或 0.25 g 营养器官粉末于聚四氟乙烯消解管中，加入 7 mL 浓硝酸，摇匀，室温下静置过夜。于电热消解仪（Digi Block ED54）上进行消解，110 ℃加热 2.5 h 后冷却至室温，加入 1 mL H_2O_2 摇匀，110 ℃继续加热 1.5 h，最后于 170 ℃下赶酸至 0.5 mL 以内，用去离子水稀释并转移至 25 mL 容量瓶内过滤定容，用 ICP-MS（Agilent 7500a，USA）测定样品中 Cd、Mg、K、Ca、Mn 和 Zn 含量。在本研究中，籽粒中 Cd 及营养元素测定的标准样品为 TMQC0009（BBS-1 大米），Cd、Mg、K、Ca、Mn 和 Zn 的回收率分别为 101.85%、95.49%、97.75%、100.22%、100.86% 和 97.78%。其他营养器官中 Cd 含量测定的标准样品为 GBW10020（GSB-11 柑橘叶），回收率为 101.26%。

5.1.4　Cd 赋存形态提取方法

采用不同的萃取剂依次提取：80% 乙醇提取无机态 Cd；去离子水提取水溶态 Cd；其余为残渣态 Cd。称取植物样品粉末 0.2 g 于离心管中，加入 20 mL（样品与萃取剂比值为 1∶100，质量浓度比）80% 乙醇，匀浆，室温下振荡 22 h，5 000 r/min 离心 10 min 后收集上清液至聚四氟乙烯消解管，重复上述操作 2 次，按照相同比例加入去离子水，重复上述萃取操作，将收集到的萃取液及样品残渣分别于 70 ℃电热板上蒸发至恒重，按 5.1.3 的方法测定 Cd 含量。

5.2　喷施 L-Cys 对水稻籽粒 Cd 含量的影响

水稻籽粒中 Cd 含量结果如图 5.2 所示，田间试验的稻田为中轻度 Cd 污染土壤，CK 喷施组中籽粒 Cd 含量为 0.435 mg/kg，超出我国食品安全国家标准。叶面喷施 L-Cys 能够显著降低水稻籽粒 Cd 积累量，且其降 Cd 效果随着 L-Cys 喷施浓度的增加而提高，呈现浓度依赖性趋势。与 CK 相比，当喷施浓度为 0.5 mmol/L 时，籽粒中 Cd 含量下降 30.6%，当喷施浓度为 5 mmol/L 时，籽粒中 Cd 含量下降 44.5%，当喷施浓度为 10 mmol/L 时，籽粒中 Cd 含量下降至 0.2 mg/kg 以下，降幅高达 59.2%，符合我国食品安全国家标准。

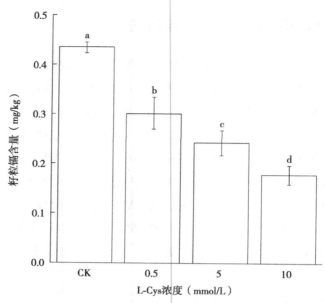

图 5.2　喷施 L-Cys 对水稻籽粒中 Cd 含量的影响

（柱上不同小写字母表示处理间差异达到 5% 显著水平）

5.3　喷施 L-Cys 对水稻籽粒矿质元素含量的影响

　　为了评价叶面喷施 L-Cys 对稻米品质的影响，检测水稻籽粒中矿质元素 Mg、K、Ca、Mn 和 Zn 的含量变化发现，水稻开花期叶面喷施一次 L-Cys 对水稻籽粒中的矿质元素积累没有抑制作用。如图 5.3 所示，水稻籽粒中矿质元素含量差异很大，其中 K 含量最高，Mg 含量其次，且远高于 Ca、Mn 和 Zn 含量。在水稻开花期，叶面喷施 0.5 mmol/L L-Cys 对籽粒中各矿质元素含量的影响最大。与对照相比，叶面喷施 0.5 mmol/L L-Cys 对 Mg、K 和 Mn 含量都有显著性提高，含量分别增长 28.4%、22.2% 和 10.6%；对 Ca 和 Zn 含量无明显影响。喷施 5 mmol/L L-Cys 时，Mg 和 K 含量分别增长 14.1% 和 21.0%，对 Ca、Mn 和 Zn 含量无显著影响；喷施 10 mmol/L L-Cys 时，Mg 和 K 含量显著提高，分别增长 19.8% 和 20.9%，Ca、Mn 和 Zn 含量无显著性差异。

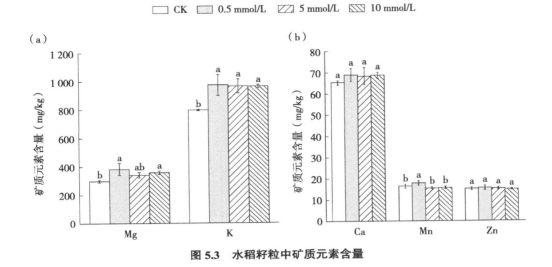

图 5.3 水稻籽粒中矿质元素含量

（柱上不同小写字母表示处理间差异达到 5% 显著水平）

5.4 喷施 L-Cys 对水稻不同营养器官 Cd 含量的影响

由图 5.4 可见，水稻各营养器官对 Cd 的富集能力有很大差异，顶端第一节 Cd 积累浓度最高，可达 7.276 mg/kg；其次是根 Cd 积累浓度可达 6.185 mg/kg；其余部位 Cd 积累浓度由高到低依次是顶端第二节＞基部茎叶＞第二节间＞穗颈＞旗叶＞穗轴＞第二叶。其中，顶端第一节 Cd 含量可达第二叶 Cd 含量的 7 倍，是相邻营养器官 Cd 含量的 2～5 倍，由此可见，第一节是水稻拦截 Cd 的重要营养器官。与 CK 相比，叶面喷施 L-Cys 能够降低水稻各营养器官中的 Cd 含量，且其降 Cd 效果呈现浓度依赖性趋势。当喷施浓度为 0.5 mmol/L 时，L-Cys 显著降低了水稻穗轴、旗叶、穗颈、第二叶、第一节、第二节和第二节间的 Cd 含量，但是基部茎叶和根的 Cd 含量变化不显著。随着 L-Cys 喷施浓度的增加，水稻各器官 Cd 含量呈下降趋势。当喷施浓度为 5 mmol/L 时，与 CK 相比，基部茎叶 Cd 含量也显著性降低。当喷施浓度为 10 mmol/L 时，水稻各器官 Cd 含量均显著下降，水稻中穗轴、第一节、穗颈、旗叶、第二节间、第二节、第二叶、基部茎叶和根中 Cd 含量降幅分别为 58.3%、56.0%、62.7%、67.0%、59.3%、

61.5%、60.2%、54.9% 和 50.3%。综上，叶面喷施 L-Cys 能够有效抑制水稻各部位营养器官中的 Cd 积累，进而影响可食用部位籽粒中的 Cd 含量。

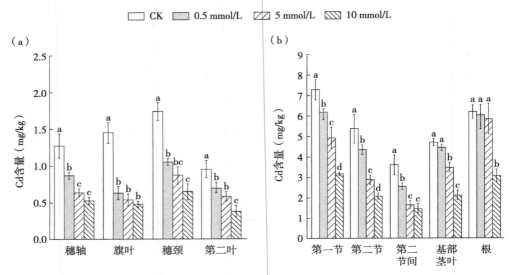

图 5.4 喷施 L-Cys 对水稻各器官中 Cd 含量的影响

（柱上不同小写字母表示处理间差异达到 5% 显著水平）

为了进一步探究叶面喷施 L-Cys 的降 Cd 作用机制，本研究对 Cd 在水稻各营养器官间的转运进行研究（图 5.5）。水稻不同部位的 Cd 积累浓度分布反映其迁移能力，一般用 TF 来表示，$TF_{a/b}$=a 器官 Cd 含量 /b 器官 Cd 含量。图 5.5 显示了不同浓度 L-Cys 喷施后各器官 Cd TF 变化。在 CK 中，Cd 从第二叶向第二节的转运能力最强，其次是 Cd 从旗叶向第一节的转运，说明在水稻各营养器官中，节对 Cd 转运的拦截起到关键作用。由图 5.5 可见，与 CK 相比，叶面喷施 L-Cys 对 Cd 在第一节的转运有显著影响，$TF_{第一节/旗叶}$ 和 $TF_{第一节/第二节间}$ 均显著提高，而 $TF_{穗颈/第一节}$ 则显著降低。当 L-Cys 喷施浓度为 0.5 mmol/L 时，$TF_{第一节/旗叶}$ 可增长 105.4%，即 Cd 从旗叶向第一节的转运率成倍增长；$TF_{第一节/第二节间}$ 增长幅度则达 45.8%，即 Cd 从第二节间向第一节的转运率也增长了近一半；而同时 $TF_{穗颈/第一节}$ 则显著下降，降幅达 27.5%，即 Cd 从第一节向上到穗颈的转运率降低了近 1/4。喷施浓度为 5 mmol/L 时，L-Cys 对水稻第一节 Cd 转运的调控与 0.5 mmol/L 时相近；而当喷施浓度达到 10 mmol/L 时，L-Cys 仅显著降低了 $TF_{第一节/旗叶}$，而对 $TF_{第一节/第二节间}$ 和 $TF_{穗颈/第一节}$ 的影响不具有显著性。由此可见，叶面喷施适当浓度的 L-Cys 可以促进 Cd 从旗叶和第二节间向第一节的转运，同时抑制了 Cd 从第一节继续向上到穗颈部分转运，从而提高了第一节对 Cd 的拦截能力。

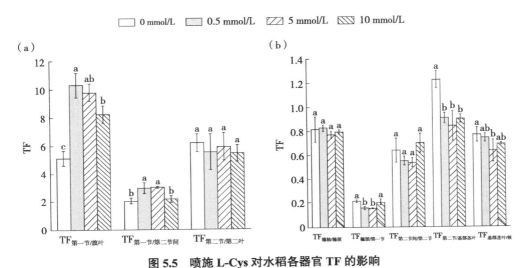

图 5.5　喷施 L-Cys 对水稻各器官 TF 的影响

（柱上不同小写字母表示处理间差异达到 5% 显著水平）

5.5　喷施 L-Cys 对水稻第一节中 Cd 赋存形态的影响

为了深入探索叶面喷施 L-Cys 对水稻 Cd 拦截关键器官第一节的作用机制，对第一节中 Cd 的赋存形态进行检测分析。如图 5.6 所示，喷施不同浓度的 L-Cys 显著降低了水稻第一节中水溶态 Cd、无机态 Cd 和残渣态 Cd 的含量，且降 Cd 幅度随喷施浓度的升高而升高。当喷施浓度达到 10 mmol/L 时，水溶态 Cd、无机态 Cd 和残渣态 Cd 的含量分别降低了 77.5%、75.0% 和 66.0%。通过分析 Cd 的赋存形态比例发现，水稻第一节中的 Cd 主要以残渣态形式存在，其含量高达 89%，远高于可移动态 Cd 的比例（无机态 Cd 比例 4.1%，水溶态 Cd 比例 6.9%），残渣态 Cd 含量约为可移动态 Cd 含量的 8 倍左右。当喷施浓度为 0.5 mmol/L 时，水稻第一节中残渣态 Cd 比例提高至 91.5%，是可溶态 Cd 比例的 11 倍左右。当喷施浓度为 5 mmol/L 时，对第一节中 Cd 形态影响最大，残

渣态 Cd 比例提高至 94.4%，是可溶态 Cd 比例的 17 倍左右。当喷施浓度为
10 mmol/L 时，残渣态 Cd 比例也提高到 92.2%。由此可见，叶面喷施 L-Cys 能
够同时降低第一节中水溶态 Cd、无机态 Cd 和残渣态 Cd 的含量，并改变第一节
中 Cd 的赋存形态，促进可移动态 Cd 向残渣态 Cd 的转化，提高其中残渣态 Cd
的比例，也就是说，提高了水稻第一节对 Cd 的固定拦截作用。

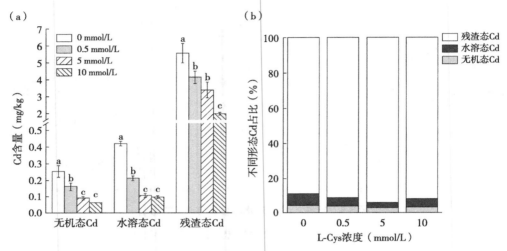

图 5.6 喷施不同浓度 L-Cys 后水稻第一节中不同化学形态 Cd 的含量和所占比例
（柱上不同小写字母表示处理间差异达到 5% 显著水平）

5.6 讨论与结论

L-Cys 是一种生物体内常见的氨基酸，具有提高植物抗氧化活性（Li et al.，
2018）和延缓衰老（令阳 等，2019）等作用，具有较好的安全性，是组成 GSH
的天然成分之一，分子中含有活泼的巯基，能够与金属离子形成硫醇盐，常作
为解毒类药物使用。叶面喷施 L-Cys 能够影响植物对重金属的耐受性和积累量，
彭向永等（2011）研究表明，喷施 L-Cys 可提高小麦幼苗对 Cu 胁迫的耐受性，
增加小麦叶片和根系中的 Cu 积累量，而本研究发现喷施 L-Cys 显著抑制了水稻
各器官中的 Cd 积累，由此可见，叶面喷施 L-Cys 对不同植物中不同重金属的吸
收积累可能发挥不同的作用，因此，研究 L-Cys 的作用机制对于指导其应用具

有十分重要的意义。目前 L-Cys 制备工艺相对成熟，成本低廉，产率高，已广泛应用于农业及食品工业等。因此，将 L-Cys 作为叶面调理剂的主要成分，应用于 Cd 污染水稻修复具有较好的安全性和前景。

本研究发现，水稻开花期叶面喷施一次 L-Cys，就能够显著降低籽粒 Cd 积累量，操作方便简单。喷施 L-Cys 对水稻的降 Cd 效果随着喷施浓度的增加而提高，在适当 L-Cys 浓度作用下，能够降低稻米 Cd 含量至我国食品安全标准 0.2 mg/kg 范围以内，从而保障稻米安全生产。同时，喷施 L-Cys 不会对水稻籽粒中矿质营养元素的积累产生不利影响，为稻米的营养品质提供了保障。矿质元素，特别是阳离子矿质元素，不仅对植物的生长发育起着重要的作用，同时也影响着水稻中 Cd 的转运。水稻开花期叶面喷施适当浓度的 L-Cys 能够提高籽粒中矿质元素 Mg、K 和 Mn 的含量。有同位素研究表明，水稻细胞能够辨识必需元素和有害元素，并优先转运生长所必需的营养元素（Fujimaki et al.，2010），而有害元素 Cd 主要通过"蹭车"的方式伴随着必需元素进行跨膜运输。水稻细胞利用离子泵和离子通道等膜蛋白转运各种元素，不同膜蛋白对于不同离子的选择性不同，目前还没有发现 Cd 转运的专属蛋白，但是已经证明了 Zn/Fe 转运蛋白家族、自然抗性巨噬细胞蛋白、主要易化子超家族和 NSCCs 等膜蛋白，与 Cd 的转运密切相关，因此，阳离子矿质元素的增加很可能竞争性地抑制 Cd 转运，从而降低水稻籽粒中 Cd 积累。

在长期的自然进化过程中，水稻的根茎叶等营养器官能够把大量的 Cd 固定在细胞壁中，或封存在液泡中，经过层层拦截，最终只有极少数的 Cd 转运进入到籽粒中。在此过程中，叶片中的 Cd 也可以通过茎中的韧皮部转运到籽粒中（Feng et al.，2017），多项研究表明，喷施降 Cd 叶面调理剂通过提高叶片等营养器官对 Cd 的固定作用，抑制茎叶中可移动态 Cd 的转运，进而降低籽粒中的 Cd 含量（张烁 等，2018；Wang et al.，2018）。因此，叶面喷施 L-Cys 能够直接作用于由叶片，调控 Cd 向籽粒中的转运。本研究发现，叶面喷施 L-Cys 不但能够抑制籽粒 Cd 积累，对水稻各营养器官的 Cd 转运积累也有调控作用，能够显著降低水稻各营养器官中的 Cd 含量，其降 Cd 效果随喷施浓度的增加而提高。其中，水稻的第一节富集了高浓度的 Cd，约是第二节间和穗颈 Cd 浓度的 2～4 倍，在水稻营养器官拦截 Cd 转运进入籽粒中起到重要作用，而叶面喷施适当浓度的 L-Cys 可以促进 Cd 从旗叶和第二节间向第一节的转运积累，同时抑制 Cd 从第一节继续向上到穗颈部分积累，从而提高了第一节对 Cd 的拦截能力。

　　水稻节组织中的厚壁细胞充满原生质，细胞壁很厚，叶、分蘖及根的输导组织都在茎节内汇合，很有可能与 Cd 的固定相关。其他研究也证明了本研究的推测，在高污染环境中，第一节中的 Cd 浓度可高达 40 mg/kg（韩潇潇 等，2019），扫描电镜检测结果显示，水稻中 Cd 主要分布在节和节间维管束组织的细胞壁上，而水稻开花期第一节中表达水平显著提高的 OsLCT1 基因，可以有效降低稻米 Cd 含量。Feng 等（2017）的研究显示，根和节是阻碍 Cd 进入籽粒的 2 个关键障碍，顶端第一节 Cd 隔离能力最强，且具有高基因表达参与糖酵解和 Cd 解毒，顶端第一节对抑制 Cd 向籽粒转运发挥重要作用。由此可见，第一节是水稻营养体拦截 Cd 转运的关键器官，而叶面喷施 L-Cys 不但能够降低水稻各营养器官的 Cd 积累量，同时还能够调控关键器官第一节的作用，提高第一节对 Cd 的拦截能力，进而有效地抑制营养体中 Cd 向籽粒的转运。

　　为了深入探究叶面喷施 L-Cys 影响水稻第一节 Cd 积累转运的作用机制，对第一节中 Cd 的赋存形态进行了分析。重金属的生物有效性与其存在形态密切相关，反映了其对环境动植物以及人类的毒性危害，而改变重金属在环境和生物体内的化学形态，可以有效降低有害元素的生物有效性及其在可食用部位积累量。在水稻体内，Cd 赋存形态的变化与其可移动性密切相关，是 Cd 转运积累的重要影响因素。叶面喷施 L-Cys 能够同时降低第一节中水溶态 Cd、无机态 Cd 和残渣态 Cd 的含量，并改变第一节中 Cd 的赋存形态，提高其中残渣态 Cd 的比例，促进顶端第一节中活跃的可移动态 Cd（水溶态 Cd 和无机态 Cd）转化为稳定的残渣态 Cd，提高水稻第一节对 Cd 的固定能力。由此可见，在水稻开花期叶面喷施 L-Cys，不但能够降低水稻各器官的 Cd 积累量，还能够调控 Cd 拦截能力最强的营养器官第一节对 Cd 的固定作用，促进相邻营养器官将 Cd 转运到第一节中，并降低第一节中 Cd 的可移动性，将 Cd 固定在第一节中，进而抑制 Cd 向穗颈的转运，最终降低籽粒 Cd 积累。

　　综上所述，在水稻开花期叶面喷施 L-Cys，能够通过降低营养器官 Cd 积累量和提高第一节对 Cd 转运的拦截能力这 2 种途径，抑制水稻籽粒 Cd 积累，且其降 Cd 效果随喷施浓度增大而提高，同时不抑制籽粒中矿质元素 Mg、K、Mn、Ca 和 Zn 的积累。叶面喷施 L-Cys 显著降低了水稻各营养器官中 Cd 含量，同时促进了 Cd 从旗叶和第二节间向第一节的积累，抑制了 Cd 从第一节向穗颈的积累，进而提高了水稻第一节对 Cd 转运的拦截作用。叶面喷施 L-Cys 能够同时降低水稻第一节中无机态、水溶态和残渣态 Cd 的含量，并提高其中残渣态 Cd 的比例，从而提高第一节对 Cd 的结合和固定，抑制可移动 Cd 向籽粒的转运。因此，将 L-Cys 作为水稻降 Cd 叶面调理剂的主要成分，应用于污染农田稻米安全生产，具有较好的前景。

参 考 文 献

韩潇潇, 任兴华, 王培培, 等, 2019. 叶面喷施锌离子对水稻各器官镉积累特性的影响 [J]. 农业环境科学学报, 38(8): 1809-1817.

令阳, 邓丽莉, 姚世响, 等, 2019. L-半胱氨酸处理对青脆李果实常温贮藏品质的影响 [J]. 食品科学, 40(21): 222-228.

彭向永, 宋敏, 2011. 外源半胱氨酸对铜胁迫下小麦幼苗生长、铜积累量及抗氧化系统的影响 [J]. 生态学报, 31(12): 3504-3511.

张烁, 陆仲烟, 唐琦, 等, 2018. 水稻叶面调理剂的降 Cd 效果及其对营养元素转运的影响 [J]. 农业环境科学学报, 37(11): 2507-2513.

CHEN J, HUANG X Y, SALT D E, et al., 2020. Mutation in OsCADT1 enhances cadmium tolerance and enriches selenium in rice grain[J].New phytologist, 226(3): 838-850.

FENG X M, HAN L, CHAO D Y, et al., 2017. Ionomic and transcriptomic analysis provides new insight into the distribution and transport of cadmium and arsenic in rice[J]. Journal of hazardous materials, 331: 246-256.

FUJIMAKI S, SUZUI N, ISHIOKA N S, et al., 2010. Tracing cadmium from culture to spikelet: noninvasive imaging and quantitative characterization of absorption, transport, and accumulation of cadmium in an intact rice plant[J]. Plant physiology, 152(4): 1796-1806.

KANIKARLA-MARIE P, MICINSKI D, JAIN S K, 2019. Hyperglycemia (high-glucose) decreases L-cysteine and glutathione levels in cultured monocytes and blood of zucker diabetic rats[J]. Molecular and cellular biochemistry, 459(1-2): 151-156.

LI T, WU Q, ZHOU Y, et al., 2018. l-cysteine hydrochloride delays senescence of harvested longan fruit in relation to modification of redox status[J]. Postharvest biology & technology, 143: 35-42.

NA G, SALT D E, 2011. The role of sulfur assimilation and sulfur-containing compounds in trace element homeostasis in plants[J]. Environmental and experimental botany, 72(1):

18-25.

RAJAB H, KHAN M S, WIRTZ M, et al., 2020. Sulfur metabolic engineering enhances cadmium stress tolerance and root to shoot iron translocation in *Brassica napus* L.[J]. Plant physiology and biochemistry, 152: 32-43.

WANG H, XU C, LUO Z C, et al., 2018. Foliar application of Zn can reduce Cd concentrations in rice (*Oryza sativa* L.) under field conditions[J]. Environmental science and pollution research, 25(29): 29287-29294.

第 6 章

喷施 GSH 对水稻 Cd 和矿质元素含量的影响

　　还原型 GSH 是生物体内重要的抗氧化成分，能够清除自由基，保护细胞免受氧化损伤，在生物体中起着多种重要作用（Na et al.，2011）。GSH 含有的—SH 基团具有还原性和化学反应活性，能够与包括 Cd 在内的重金属离子形成不溶性的硫醇盐，通过螯合作用降低重金属毒性（赵利清 等，2021）。同时，GSH 也是 PCs 的合成底物，而 PCs 在水稻 Cd 运输和区隔化过程中发挥作用。由此可见，内源 GSH 在缓解水稻 Cd 毒性方面发挥重要作用，而外源添加 GSH 也能够提高生物体的抗氧化和重金属解毒能力（Hasanuzzaman et al.，2018）。有研究发现，在培养液中外源添加 GSH 能够缓解水稻 Cd 胁迫并降低水稻幼苗 Cd 含量（Cai et al.，2010），在盆栽土壤中添加 GSH 也能够降低水稻籽粒中 Cd 含量。

　　本研究通过湖南污染稻田的田间试验，研究开花期叶面喷施一次还原型 GSH 对水稻籽粒中 Cd 和矿质元素含量的影响，评估将 GSH 作为水稻降 Cd 叶面调理剂的可行性，并通过检测水稻营养器官中 Cd 和矿质元素含量，分析不同元素在各器官间的 TF 和相关性，明晰喷施 GSH 对水稻营养器官 Cd 拦截能力和转运竞争性金属阳离子的影响，探究 GSH 抑制水稻体内 Cd 积累和转运的作用机制，为 GSH 作为水稻降 Cd 叶面调理剂的应用提供理论支持。

6.1　材料与方法

6.1.1　试验地点与试验材料

　　本试验地点位于湖南省湘潭市（27°52′N，112°51′E），主要气候为亚热带季风性湿润气候，年平均气温 18℃，年降水量 1 423 mm。湘潭市是重要的矿冶和重工业基地，早期工业污染严重，市域内为典型的低山丘陵地貌，降水充沛且水网复杂，造成农田 Cd 污染直接影响水稻安全生产。试验田土壤类型为水稻土，耕层土壤 pH 值 5.6，有机质含量 14.0 g/kg，阳离子交换量 9.4 cmol/kg，Cd 含量 0.6 mg/kg。试验水稻品种为当地主栽品种华占，种子购于当地种子公司。还原型 GSH 购于上海阿拉丁生化科技股份有限公司，纯度 99%。

6.1.2　试验方法

称取适量的 GSH 溶于田间灌溉水，并加水稀释至 1.0 L，配制成 0.5 mmol/L、5 mmol/L 和 10 mmol/L GSH 水溶液，作为处理组，本试验设计一个空白对照组和 3 个处理组，每个处理 3 次重复。田间试验小区面积设定为 5 m²（2 m × 2.5 m）。水稻于 6 月育秧，7 月下旬移栽至稻田，9 月下旬（开花期）在叶面均匀喷施不同浓度 GSH。整个生育期无显著病虫害发生。

6.1.3　样品的采集与处理

待水稻长到成熟期，在试验田的小区中心选取喷施均匀的部分，随机挖取 4 株完整植株，用田间灌溉水将根部清洗干净，植株常温晒干。参照张雅荟等（2021）的方法进行分样，分别收集水稻的籽粒、穗轴、穗颈、旗叶、穗下节、第二节间、第二叶、第二节、基节、根和其他茎秆部分。然后，将籽粒用砻谷机脱壳后磨成粉末，其余部位剪刀剪碎后用万能粉碎机磨粉。

6.1.4　测定方法

Cd 和矿质元素的含量测定方法见 2.1.2.1。在本研究中，籽粒元素测定的标准样品为 TMQC0009（BBS-1 大米），其他营养器官中元素含量测定的标准样品为 GBW10020（GSB-11 柑橘叶）。

水稻不同部位的元素含量分布反映其迁移能力，用 TF 来表示，$TF_{a/b}$=a 器官元素含量 /b 器官元素含量，其中 a 器官和 b 器官为相邻的水稻器官。

6.2　喷施 GSH 对水稻籽粒 Cd 含量的影响

田间试验的稻田为中轻度 Cd 污染土壤，叶面喷施 GSH 后水稻籽粒中 Cd 含量如图 6.1 所示。以空白组水稻籽粒 Cd 含量 0.449 mg/kg 为对照，叶面喷施不同浓度 GSH 显著降低了水稻籽粒 Cd 积累量，当喷施浓度为 0.5 mmol/L 时，籽粒 Cd 含量下降 48.5%；当喷施浓度提高到 5 mmol/L 时，GSH 的降 Cd 率随之提高到 76.5%，籽粒 Cd 含量下降至 0.2 mg/kg 以下，符合我国食品安全国家标准；喷施浓度继续提高至 10 mmol/L 并未显著提高 GSH 的降 Cd 效果。

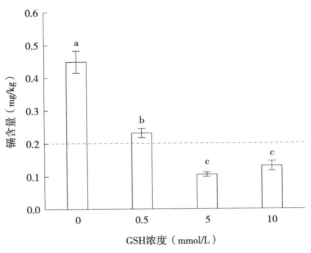

图 6.1　喷施 GSH 对水稻籽粒中 Cd 含量的影响
（柱上不同小写字母表示处理间差异达到 5% 显著水平）

6.3　喷施 GSH 对水稻籽粒矿质元素含量的影响

为了进一步探究叶面喷施 GSH 对稻米品质的影响，对水稻籽粒中矿质元素 Mg、K、Ca、Mn、Fe 和 Zn 的含量进行检测（图 6.2），发现 GSH 处理在降低籽粒 Cd 含量的同时，不仅没有抑制籽粒中矿质元素的积累，甚至在一定喷施浓度下能够促进部分矿质元素在籽粒中的积累。如图 6.2 所示，水稻籽粒中矿质元素含量的差异很大，其中含量最高的是 K，其次是 Mg 和 Ca，且远远高于 Fe、Mn 和 Zn 的含量。与空白对照组相比，叶面喷施 0.5 mmol/L GSH 对籽粒中 K、Mg、Ca、Mn、Fe 和 Zn 的含量无显著影响；喷施 5 mmol/L GSH 后，籽粒中 K、Mg、Ca 和 Mn 含量均显著增加，增幅分别达 119.3%、154.3%、55.9% 和 44.8%，而 Fe 和 Zn 含量无明显变化；喷施 10 mmol/L GSH 后，籽粒中 K、Mg 和 Ca 含量显著提高，增幅分别达 86.3%、101.6% 和 37.6%，而 Fe、Mn 和 Zn 含量无显著差异。

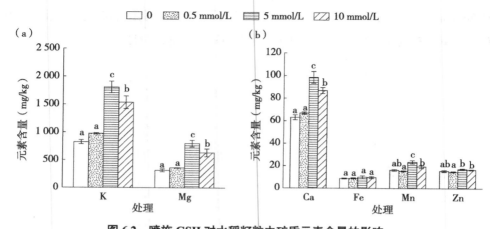

图 6.2　喷施 GSH 对水稻籽粒中矿质元素含量的影响

（柱上不同小写字母表示处理间差异达到 5% 显著水平）

6.4　喷施 GSH 对水稻不同营养器官 Cd 含量和 TF 的影响

如图 6.3 可知，水稻各营养器官对 Cd 的富集能力存在很大的差异，其中穗下节的 Cd 含量最高，可达 7 mg/kg 以上；其次是水稻其他节和根，Cd 含量可达 5～6 mg/kg；其余部位 Cd 含量大多为 1.5 mg/kg 左右，由高到低依次是第二节间＞穗颈＞旗叶＞穗轴＞第二叶。其中，穗下节 Cd 含量是第二叶 Cd 含量的 7 倍左右，是相邻营养器官 Cd 含量的 2～5 倍，由此可见，穗下节是水稻拦截 Cd 的重要营养器官。叶面喷施 GSH 不但能够降低水稻籽粒 Cd 含量，同时还能降低各营养器官中的 Cd 含量。与空白对照组相比，GSH 喷施浓度为 0.5 mmol/L 即可显著降低水稻穗轴、穗颈、旗叶、穗下节、第二叶、第二节、第二节间、其他茎秆和基节的 Cd 含量，降幅分别可达 58.8%、55.9%、63.3%、35.4%、65.3%、49.3%、55.6%、52.4% 和 41.6%，而对根 Cd 含量影响不显著。当浓度提高到 5 mmol/L 时，喷施 GSH 的降 Cd 效果进一步显著提升，显著降低了水稻各器官的 Cd 含量，穗轴、穗颈、旗叶、穗下节、第二叶、第二节、第二节间、其他茎秆、基节和根中 Cd 含量降幅分别为 81.3%、83.4%、86.7%、79.6%、82.8%、81.8%、82.4%、84.7%、73.2% 和 68.8%。与喷施浓度 5 mmol/L 相比，GSH 浓度为 10 mmol/L 时，水稻各器官 Cd 含量无显著性差异，即上述 2 种喷施浓度下 GSH 的降 Cd 效果无显著性差异。综上，叶面喷施 GSH 能够有效降低水稻各营养器官中的 Cd 含量，当喷施浓度为 5 mmol/L，GSH 对水稻营养器官的降 Cd 效果即可达到较高水平。

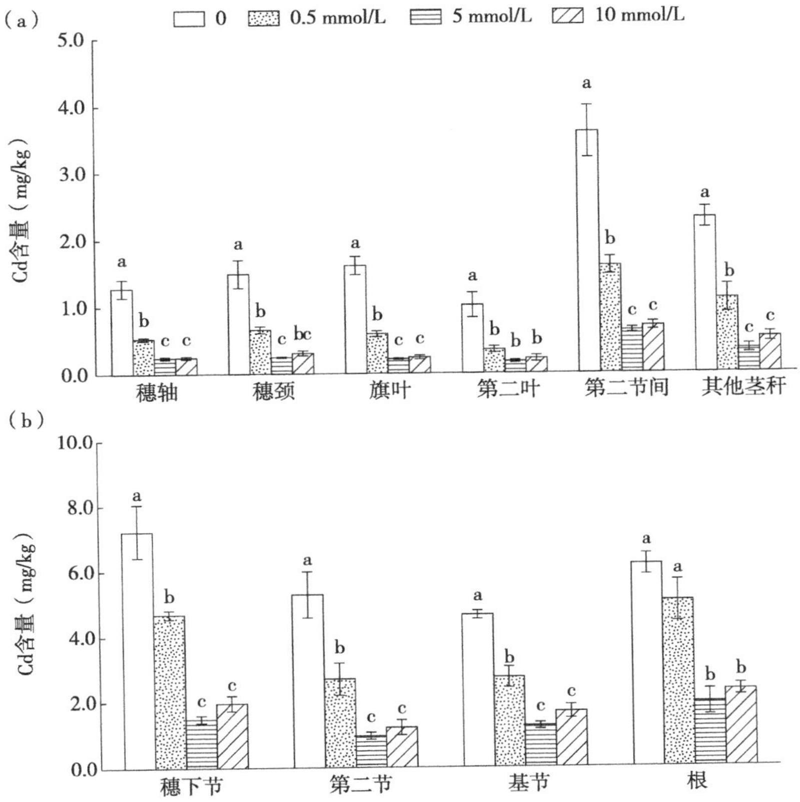

图 6.3　喷施 GSH 对水稻各器官中 Cd 含量的影响

（柱上不同小写字母表示处理间差异达到 5% 显著水平）

　　水稻不同部位的 Cd 含量分布反映其迁移能力，为了进一步探究叶面喷施 GSH 的降 Cd 作用机制，本试验分析了 Cd 在水稻不同营养器官间的 TF（如图 6.4 所示）。与空白对照组相比，叶面喷施 GSH 显著提高了 TF $_{穗下节/第二节间}$，降低了 TF $_{穗颈/穗下节}$ 和 TF $_{旗叶/穗下节}$，对其他器官间 TF 无显著影响。也就是说，喷施 GSH 促进了 Cd 从第二节间向穗下节的转运，同时抑制了 Cd 从穗下节分别向穗颈和旗叶的转运。当 GSH 喷施浓度为 0.5 mmol/L 时，TF $_{穗下节/第二节间}$ 增加了 46.2%，即 Cd 从第二节间向穗下节的转运增加了近 1/2；同时，TF $_{穗颈/穗下节}$ 降低了 31.2%，TF $_{旗叶/穗下节}$ 降低了 44.5%，即 Cd 从穗下节向上到穗颈的转运降低了近 1/3，同时 Cd 从穗下节到旗叶的转运降低了近 1/2。由此可见，叶面喷施适当浓度的 GSH，能够促进 Cd 从相邻下部节间向穗下节的转运，同时抑制 Cd 从穗下节向旗叶以及 Cd 从穗下节继续向上到穗颈的转运，提高了穗下节对 Cd 的固定拦截能力。

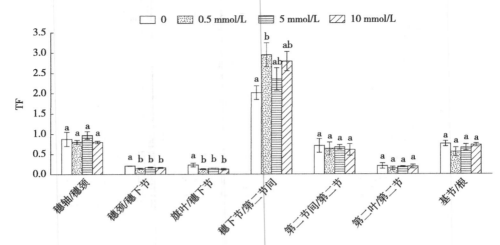

图 6.4　喷施 GSH 对水稻不同器官 Cd TF 的影响

（柱上不同小写字母表示处理间差异达到 5% 显著水平）

6.5　喷施 GSH 对水稻不同营养器官矿质元素含量和 TF 的影响

　　由表 6.1 可见，不同矿质元素在水稻穗轴、穗颈、穗下节、旗叶和第二节间的分布规律差异很大，大量元素 K 在穗颈、穗下节和第二节间中的含量较高（＞30 g/kg），大量元素 Ca 在旗叶中的含量较高（＞4 g/kg），大量元素 Mg 在穗下节和第二节间中的含量较高（＞2 g/kg），微量元素 Mn 在旗叶和穗下节中的含量较高（＞600 mg/kg），微量元素 Fe 和 Zn 在穗下节中的含量较高（＞300 mg/kg）。叶面喷施 GSH 后，不同器官中不同矿质元素含量变化趋势不同，穗轴、穗颈、穗下节、旗叶和第二节间中 Mg、Mn 和 Zn 含量均降低，Mg 的最高降幅分别可达 32.6%、34.7%、25.4%、27.7% 和 41.6%，Mn 的最高降幅分别可达 36.9%、26.4%、25.7%、33.8% 和 42.6%，Zn 的最高降幅分别可达 50.9%、39.5%、45.2%、44.3% 和 70.7%；旗叶和第二节间中 Ca 含量降低，降幅最高可达 23.4% 和 28.8%；穗颈、旗叶和第二节间中 Fe 含量降低，降幅可达 52.5%、25.6% 和 57.2%；穗下节和旗叶中 K 含量降低，降幅可达 21.2% 和 38.7%；而穗轴和第二节间中 K 含量增加，增幅可达 11.5% 和 23.0%。

表 6.1　喷施 GSH 对水稻器官中矿质元素含量的影响

部位	GSH（mmol/L）	K（mg/kg）	Mg（mg/kg）	Ca（mg/kg）	Fe（mg/kg）	Mn（mg/kg）	Zn（mg/kg）
穗轴	0	14 238 ± 375ab	831 ± 54a	931 ± 71a	102.6 ± 12.7a	262.3 ± 20.3a	47.7 ± 5.4a
	0.5	13 814 ± 152a	560 ± 23b	985 ± 35a	90.2 ± 8.4a	207.1 ± 10.5b	26.8 ± 1.4b
	5	15 881 ± 142c	656 ± 41b	894 ± 73a	85.0 ± 2.0a	178.1 ± 4.2bc	24.7 ± 1.7b
	10	14 777 ± 142b	618 ± 41b	859 ± 73a	99.6 ± 2.0a	165.6 ± 4.2c	23.4 ± 1.7b
穗颈	0	35 489 ± 3 538a	1 488 ± 46a	844 ± 94a	108.9 ± 2.8a	266.3 ± 21.6a	58.8 ± 0.6a
	0.5	37 902 ± 1 373a	1 115 ± 81b	842 ± 14a	51.7 ± 4.0c	210.2 ± 10.4b	37.8 ± 5.1b
	5	38 201 ± 1 792a	970 ± 64b	779 ± 46a	54.3 ± 2.9c	196.1 ± 2.5b	37.6 ± 1.8b
	10	39 790 ± 2 760a	1 075 ± 88b	797 ± 45a	66.1 ± 4.9b	225.0 ± 5.6b	35.6 ± 2.4b
穗下节	0	37 689 ± 2 163a	2 582 ± 213a	2 275 ± 151a	326.8 ± 31.5ab	643.7 ± 38.2a	308.9 ± 24.5a
	0.5	29 703 ± 476b	2 324 ± 106ab	2 028 ± 123a	287.9 ± 15.3a	529.3 ± 44.2ab	255.2 ± 25.3ab
	5	31 152 ± 203b	1 925 ± 144c	2 007 ± 95a	297.2 ± 29.7ab	478.0 ± 41.2b	169.3 ± 1.8c
	10	31 155 ± 2 635b	2 115 ± 81bc	2 086 ± 64a	391.8 ± 59.4b	565.8 ± 74.4ab	211.5 ± 30.5bc
旗叶	0	17 582 ± 510a	1 857 ± 22a	4 733 ± 183a	225.5 ± 4.9a	936.7 ± 46.8a	28.7 ± 1.4a
	0.5	13 932 ± 357b	1 462 ± 88b	3 626 ± 20b	167.7 ± 11.9b	653.6 ± 43.1b	16.0 ± 0.4b
	5	11 871 ± 336c	1 352 ± 100b	3 946 ± 286b	174.8 ± 5.9b	634.2 ± 21.6b	16.1 ± 0.4b
	10	10 770 ± 584c	1 342 ± 99b	3 837 ± 116b	177.4 ± 21.5b	620.0 ± 44.9b	17.8 ± 0.2b
第二节间	0	33 839 ± 430a	2 844 ± 188a	1 037 ± 72a	148.9 ± 6.6a	495.9 ± 19.3a	135.3 ± 12.1a
	0.5	39 868 ± 1 691b	2 188 ± 85b	784 ± 20b	75.0 ± 6.4bc	318.3 ± 25.6b	59.7 ± 7.6b
	5	41 634 ± 2 478b	2 058 ± 146bc	820 ± 80b	79.7 ± 4.4b	338.8 ± 25.1b	48.0 ± 2.9bc
	10	40 768 ± 1 503b	1 662 ± 177c	738 ± 41b	63.7 ± 6.7c	284.7 ± 8.6b	39.6 ± 1.9c

注：同列不同小写字母表示不同处理间差异显著（$P < 0.05$）。

进一步对矿质元素在水稻籽粒、穗轴、穗颈、穗下节、旗叶和第二节间之间的转运进行分析，用 TF 来表示，结果如图 6.5 所示。与 Cd 相似，水稻中 Mg 和 Zn 从穗轴向籽粒的 TF 较高，而喷施 GSH 能够促进除 Fe 以外所有已测元素从穗轴向籽粒的转运。水稻中 K 从穗下节向穗颈的 TF 最高，Zn 的最低（0.191）且与 Cd（0.205）相近，喷施 GSH 进一步促进了 K 从穗下节向穗颈的转运，同时抑制了 Fe 和 Cd 的转运。与 Cd 相似，水稻中 Ca、Fe 和 Zn 从第二节间向穗下节的 TF 均高于 2，喷施不同浓度 GSH 能够抑制 K 从第二节间向穗下节的转运，同时促进了其他几种已测元素的转运。水稻中 Zn 从穗下节到旗叶的 TF（0.094）最低，其次是 Cd（0.227），其他几种已测元素的 TF 都高于 Cd 的一倍以上。与 Cd 相同，喷施不同浓度 GSH 能够显著抑制 K 和 Zn 从穗下节向旗叶的转运。由此可见，喷施 GSH 提高了 Zn 从第二节间向穗下节的 TF（134.4%），降低了 Zn 从穗下节向旗叶的 TF（32.2%），最终提高了穗下节对 Zn 的固定能力。

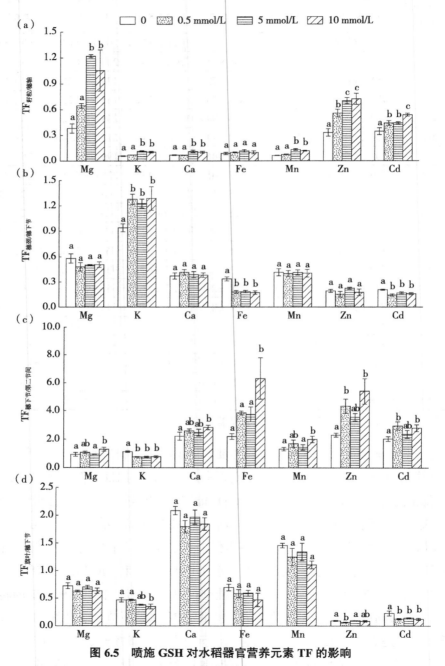

图 6.5　喷施 GSH 对水稻器官营养元素 TF 的影响

（柱上不同小写字母表示处理间差异达到 5% 显著水平）

对喷施 GSH 直接接触的水稻营养器官中不同矿质元素含量与 Cd 含量进行相关性分析，结果如表 6.2 所示。在水稻穗轴、穗颈、穗下节、旗叶、第二节间、第二节和第二叶中，空白对照组和喷施不同浓度 GSH 处理组的 Zn 含量与 Cd 含量均呈显著性正相关，且皮尔逊相关系数均高于 0.8（$P<0.001$），为极强相关。而 Mn、Fe、Ca、Mg 和 K 的含量在某些营养器官中，也与 Cd 含量具有不同程度的显著相关性。综合分析 GSH 喷施部位水稻营养器官中 6 种矿质元素，其中 Zn 含量与 Cd 含量的皮尔逊相关系数最高为 0.809（$P<0.001$），呈显著性极强正相关。

表 6.2　水稻器官中不同矿质元素含量与 Cd 含量的相关系数

部位	Mg	K	Ca	Fe	Mn	Zn
穗轴	0.730**	−0.386	0.295	0.345	0.929***	0.97***
穗颈	0.923***	−0.539	0.498	0.863***	0.841***	0.91***
穗下节	0.781**	0.613*	0.534	−0.146	0.572	0.858***
旗叶	0.924***	0.950***	0.798**	0.787*	0.953***	0.913***
第二节间	0.894***	−0.827***	0.846***	0.928***	0.905***	0.941***
第二节	0.816**	0.333	0.728**	0.715**	0.814**	0.867***
第二叶	0.892***	0.435	0.898***	0.856***	0.955***	0.919***
上述所有器官	0.696***	0.369***	−0.05	0.531***	0.339**	0.809***

注：* 表示 0.05 水平显著（$0.01<P<0.05$）；** 表示 0.01 水平显著（$0.001<P<0.01$）；*** 表示 0.001 水平显著（$P<0.001$）。

6.6　讨论与结论

GSH 是生物体内非酶抗氧化系统的重要成分之一，广泛分布于水稻各器官中，能够清除非生物胁迫下产生的自由基以缓解氧化损伤，同时还易与重金属通过巯基结合进而降低其毒性（Hernández et al.，2015）。GSH 生物安全性高，水溶性好，生产工艺成熟，成本低，已广泛应用于医药和食品等领域。本研究发现，在开花期叶面喷施一次 GSH 即可显著降低水稻籽粒 Cd 含量，适当浓度的 GSH 能够将稻米 Cd 含量降低至我国食品安全国家标准 0.2 mg/kg 范围以内，同时显著增加稻米矿质元素 K、Mg、Ca 和 Mn 的含量，提高了稻米的营养品质。由此可见，将 GSH 作为叶面调理剂的主要成分，应用于 Cd 污染稻田粮食安全生产，具有很好的前景。

本研究在水稻开花期叶面喷施 GSH，提高了水稻营养器官对 Cd 转运的拦截能力，降低了水稻各部位 Cd 积累量。叶面喷施 GSH 后，除了与 GSH 直接接触的器官，包括穗轴、穗颈、穗下节、旗叶、第二节间、第二节和第二叶，土壤中的水稻根系和基节中的 Cd 含量也显著降低。深入分析水稻不同营养器官之间的 Cd TF 发现，叶面喷施 GSH 对水稻营养器官间的 Cd 转运起到调控作用，显著提高了 Cd 从第二节间到穗下节的 TF，并显著抑制了 Cd 从穗下节到旗叶以及 Cd 从穗下节继续向上到穗颈的转运。GSH 处理通过调控穗下节与其相连营养器官之间的 Cd 转运，提高了水稻自身主要 Cd 阻控器官——穗下节对 Cd 的拦截能力，进而有效地抑制营养体中 Cd 向籽粒的转运。水稻营养器官能够把大部分 Cd 固定在细胞壁或封存在液泡中（刘仲齐 等，2019），通过营养器官对 Cd 的层层拦截，最终仅允许少量 Cd 积累在水稻籽粒中。特别是水稻的根和节，是阻碍 Cd 进入籽粒的 2 个关键营养器官，其中穗下节（顶端第一节）Cd 隔离能力最强，对抑制 Cd 向籽粒转运发挥重要作用（Feng et al.，2017）。

水稻的节是发根、生叶、分蘖的活力中心，也是根、叶及分蘖的输导组织的汇合处，细胞壁很厚。利用扫描电镜检测发现，水稻中 Cd 主要分布在节和节间维管束组织的细胞壁上。同时，水稻开花期穗下节组织中表达水平显著提高的 OsLCT1 等基因，可以有效降低穗轴和稻米中的 Cd 含量。由此可见，水稻穗下节的细胞壁结构和膜蛋白水平对于阻控 Cd 向上转运具有重要作用，喷施 GSH 调控水稻穗下节对 Cd 的拦截能力的分子机制还有待深入研究。此外，PCs 以 GSH 为底物进行合成，能够与 Cd 等重金属离子结合形成复合物，之后通过液泡膜上的 ATP 结合型转运蛋白进入并隔离在液泡中，特别是茎节的韧皮部细胞液泡能够封存大量的 PCs-重金属复合物（Song et al.，2014），从而阻控 Cd 等重金属向籽粒中转运。茎节中的穗下节是水稻 Cd 拦截的主要器官（张雅荟 等，2021；Feng et al.，2017），叶面喷施 GSH 能够提高穗下节对 Cd 转运的阻控能力，这是否与外源 GSH 作为底物促进 PCs 合成进而提高穗下节韧皮部 Cd 拦截能力有关，还有待深入研究。

Cd^{2+} 与金属阳离子共用通道膜蛋白进行跨膜转运，互相之间存在着竞争性抑制，因此，水稻不同器官间矿质元素的转运与 Cd 转运密切相关。故本研究进一步分析了喷施 GSH 后 Cd TF 显著变化的关键器官，即穗下节及其相连营养器官穗颈、第二节间和旗叶中矿质元素含量，发现 GSH 处理对各营养器官中不同矿质元素的含量和分布的影响具有元素特异性。其中 Mg、Mn 和 Zn 在上述器官中的含量均显著下降，与 Cd 变化情况相似，然而 Mg 和 Mn 含量的降幅都远低于 Cd；Ca 在穗轴、穗颈和穗下节中的含量，以及 Fe 在穗轴和穗下节中的含量，均无显著变化；喷施 GSH 降低了 K 在穗下节和旗叶中的含量，却提高了钾在穗轴和第二节间的含量。由此可见，喷施 GSH 对不同器官中不同矿质元素含量的影响不尽相同，这很可能与不同元素在水稻中的转运通道或转运蛋白的特异性密切相关。深入分析矿质元素在器官间的转运规律发现，Zn 从穗下节到穗颈及旗叶的 TF 最低，其次是 Cd，二者相近且都远高于其他矿质元素转运因子；Zn、Ca 和 Fe 从第二节间到穗下节的 TF 均与 Cd 相近。因此，从水稻不同器官中元素含量分布特征来看，矿质元素 Zn 与 Cd 的规律相似。

此外，与 Cd 的情况相似，喷施 GSH 也提高了 Zn 从第二节间到穗下节的 TF，降低了 Zn 从穗下节到旗叶的 TF，增强了穗下节对 Zn 的拦截固定能力。进一步对水稻不同器官中不同矿质元素含量与 Cd 含量进行相关性分析，也证实了 Zn 含量与 Cd 含量相关系数最高。由此可见，叶面喷施 GSH 不但抑制了水稻体内 Cd 转运积累，同时也影响了矿质元素的含量和分布，特别是与 Cd 正相关性最高的 Zn，推测喷施 GSH 对水稻 Cd 转运的调控作用很可能与 Zn 共转运通道蛋白有关。截至目前为止，水稻体内并未发现 Cd 转运的专属蛋白，有害元素 Cd 主要通过选择性低的阳离子通道进行跨膜转运，特别是 Zn^{2+} 与 Cd^{2+} 的转运密切相关，包括 *OsHMA2*（Lu et al.，2019）、*OsLCT1* 和 *OsZIP3*（Akimasa et al.，2015）在内的转运蛋白，能够共同影响水稻体内 Zn^{2+} 和 Cd^{2+} 的转运。本研究前期发现，施加降 Cd 剂能够通过调控上述离子转运蛋白的基因表达水平，缓解水稻 Cd 胁迫并抑制 Cd 吸收积累（程六龙 等，2021）。然而 GSH 如何通过调控 Zn 与 Cd 共用转运通道或其他 NSCCs（张参俊 等，2015；Jacob et al.，2021），抑制水稻体内 Cd 从营养器官向籽粒转运，仍有待进一步研究。

综上所述，在水稻开花期叶面喷施 GSH 不但能够降低水稻各器官 Cd 含量，同时通过调控穗下节与其相连营养器官穗颈、第二节间和旗叶之间的 Cd 转运，提高了水稻自身主要 Cd 阻控器官——穗下节对 Cd 的拦截能力，进而抑制 Cd 在籽粒中的积累，作为水稻降 Cd 叶面调理剂具有较好的应用前景。此外，喷施 GSH 在抑制水稻 Cd 转运的同时，也影响了矿质元素的含量和器官间分布，其中 Zn 与 Cd 的相关性最高为 0.809（$P<0.001$），为显著性极强正相关。

参 考 文 献

程六龙, 黄永春, 王常荣, 等, 2021. S-烯丙基-L-半胱氨酸缓解水稻种子幼根和幼芽镉胁迫机制 [J]. 环境科学, 42(6): 3037-3045.

刘仲齐, 张长波, 黄永春, 2019. 水稻各器官镉阻控功能的研究进展 [J]. 农业环境科学学报, 38(4): 721-727.

张参俊, 尹洁, 张长波, 等, 2015. 非选择性阳离子通道对水稻幼苗镉吸收转运特性的影响 [J]. 农业环境科学学报, 34(6): 1028-1033.

张雅荟, 王常荣, 刘月敏, 等, 2021. 叶施 L-半胱氨酸对水稻镉和矿质元素含量的影响 [J]. 环境科学, 42(8): 4045-4052.

赵利清, 彭向永, 刘俊祥, 等, 2021. GSH 对铅胁迫下多年生黑麦草生长及光合生理的影响 [J]. 草业学报, 30(9): 97-104.

AKIMASA S, NAOKI Y, NAMIKI M U, et al., 2015. A node-localized transporter OsZIP3 is responsible for the preferential distribution of Zn to developing tissues in rice[J]. The plant journal, 84(2): 374-384.

CAI Y, LIN L, HENG W, et al., 2010. Genotypic dependent effect of exogenous glutathione on Cd-induced changes in cadmium and mineral uptake and accumulation in rice seedlings(*Oryza Sativa*)[J]. Plant, soil and environment, 56(11): 516-525.

FENG X M, HAN L, CHAO D Y, et al., 2017. Ionomic and transcriptomic analysis provides new insight into the distribution and transport of cadmium and arsenic in rice[J]. Journal of hazardous materials, 331: 246-256.

HASANUZZAMAN M, NAHAR K, RAHMAN A, et al., 2018. Exogenous glutathione attenuates lead-induced oxidative stress in wheat by improving antioxidant defense and physiological mechanisms[J]. Journal of plant interactions, 13(1): 203-212.

HERNÁNDEZ L E, SOBRINO-PLATA J, MONTERO-PALMERO M B, et al., 2015. Contribution of glutathione to the control of cellular redox homeostasis under toxic metal and metalloid stress[J]. Journal of experimental botany, 66: 2901-2911.

JACOB P, KIM N H, WU F H, et al., 2021. Plant "helper" immune receptors are Ca^{2+}-permeable nonselective cation channels[J]. Science, 373(6553): 420-425.

LU C N, ZHANG L X, TANG Z, et al., 2019. Producing cadmium-free Indica rice by overexpressing OsHMA3[J]. Environment international, 126: 619-626.

NA G, SALT D E, 2011. The role of sulfur assimilation and sulfur-containing compounds in trace element homeostasis in plants[J]. Environmental and experimental botany, 72(1): 18-25.

SONG W Y, YAMAKI T, YAMAJI N, et al., 2014. A rice ABC transporter, OsABCC1, reduces arsenic accumulation in the grain[J]. Proceedings of the national academy of sciences, 111: 15699-15704.

第 7 章

喷施小分子酸对水稻 Cd 积累和
转运特性的影响

TCA 是糖类、脂类、氨基酸代谢的联系枢纽，是有机物在机体内氧化供能的共同通路，能够维持机体的正常运行，这些过程不仅涉及多种氨基酸，还涉及苹果酸、柠檬酸等多种小分子有机酸。此外，低分子量有机酸具有较高的生物降解性，而且不会造成二次污染（Wuana et al.，2010）。它们也是重要的根系分泌物，可以在植物根际发生酸化、螯合和氧化还原反应，在改善根际养分缺乏、金属耐受性以及植物与微生物相互作用方面起着关键作用（Wang et al.，2004）。植物体内可合成柠檬酸、苹果酸、His、Cys 等小分子酸，它们可以与植物体内的矿质元素形成配体复合物，叶片中含有大量 CA-Cd 和 CA-Zn 等配合物，从根部到叶片木质部汁液中含有 CA-Cd、CA-Zn 和 His-Cd、His-Zn 等配合物。

7.1　喷施苹果酸对水稻 Cd 积累特性的影响

苹果酸是 TCA 及其支路乙醛酸循环代谢过程中的重要中间产物（吴清平等，1990），可以迅速通过生物膜，进入线粒体内直接参与能量代谢，对于 NADH 的转移和 ATP 的合成发挥着重要的作用（Chen et al.，2018）。为了保证细胞各种代谢活动对苹果酸的需求，水稻和十字花科植物体内进化出多种苹果酸酶（NADP-ME）基因家族（李秀峰 等，2012）。当植物受到重金属、干旱、盐碱、高温等非生物胁迫时，NADP-ME 基因的表达水平和细胞中的苹果酸积累量会显著增加（Tao et al.，2016）。外源添加苹果酸能显著提高植物生长量，增加净光合速率，减少 H_2O_2 的积累，增强根系活性抑制根系对 Cd 的吸收和转运等，进而减轻 Cd 的毒害作用（Wang et al.，2017；Mnasri et al.，2015）。水稻开花期叶面喷施苹果酸，对水稻籽粒、穗轴、穗颈和旗叶中的 Cd 含量能产生显著的抑制作用，对 Mn、Zn 等营养元素的转运也有显著的影响。苹果酸能通过调控营养元素平衡、消除氧化损伤等多种方式缓解 Cd 对水稻产生的生理毒害作用。

苹果酸是植物根系和叶片中最丰富的小分子酸，并受植物种类、生长条件等多种因素的影响（Chen et al.，2018）。叶面喷施苹果酸，除了能够抑制稻米中 Cd 含量外，对稻米的氨基酸含量是否会产生影响，其降 Cd 效果在水稻品种间是否能够保持稳定，尚未见相关研究报道。本研究以 4 个水稻品种为材料，采用水稻开花期叶面喷施苹果酸的方法，对成熟期水稻各器官的 Cd 积累特性和籽粒中的氨基酸含量进行分析,对苹果酸的降 Cd 效果和机理进行了探讨,旨在为降 Cd 叶面调理剂的筛选和研发提供参考依据。

7.1.1 材料与方法

7.1.1.1 试验材料

试验供试土壤为天津市重金属污染农田 0～20 cm 的表层土,于 2019 年 5—10 月在农业农村部环境保护科研监测所日光温室中进行,土壤基本理化性质见表 7.1。

表 7.1 供试土壤基本理化性质

pH 值	有机质含量（g/kg）	全氮含量（g/kg）	有效磷含量（mg/kg）	速效钾含量（mg/kg）	有效 S 含量（mg/kg）	总 Cd 含量（mg/kg）	有效 Cd 含量（mg/kg）
7.41	23.4	2.09	63.2	13.2	28.1	3.0	0.05

水稻采用 4 个 Cd 积累特性不同的品种,其中两个是湖南省大面积推广的籼稻品种 T 优 705（705）和湘早籼 24 号（X24）;另外两个是从国家水稻核心资源库提供的核心种质中筛选出的品种铁杆乌（TGW）和辐品 36（F36）。

7.1.1.2 试验设计与样品处理

选取饱满均一的水稻种子在 1% 的次氯酸钠溶液中浸泡 15 min 进行消毒,用去离子水洗净,置于培养皿中保持湿润状态,在 28℃恒温箱里发芽（文志琦等,2015）,待胚芽露白后播种于育苗盘中,置于人工智能气候室中,水稻苗长到两叶一心后将育苗盘中的水换成 3 L 左右 1/4 Hoagland 营养液,长到四叶一心之后,选取长势均一的苗子,将根冲洗干净移栽到事先准备好的盆中。水稻扬花期进行叶面喷施处理,处理 1 为 CK（喷施去离子水）;处理 2 喷施 2 次 5 mmol/L 苹果酸（MA1）;处理 3 喷施 3 次 5 mmol/L 苹果酸（MA2）;每次喷施间隔 12 h,每盆喷施 50 mL,每个处理重复 6 次。水稻成熟期收取水稻籽粒、穗颈、旗叶、穗节、茎秆等样品进行前处理,用于测定 Cd 含量、必需营养元素含量、籽粒氨基酸含量等指标。人工气候室（宁波市科技园区新江南仪器有限公司）条件：白天温度 28℃，湿度 80%，光照 16 h，光照强度 400 μmol/（m²·s）；夜间温度 20℃，湿度 70%，8 h 黑暗。

7.1.1.3　测定方法

Cd 和矿质元素的含量测定方法见 2.1.2.1。

氨基酸含量测定。称取 0.25 g 籽粒，加入 15 mL 6 mmol/L 的 HCl 在 110℃下水解 22 h，用去离子水定容至 50 mL，吸取 1 mL 于 50℃水浴中氮气干燥，最后用柠檬酸盐缓冲溶液重新溶解。溶解后采用高效液相色谱系统进行分析。

7.1.2　苹果酸对稻米 Cd 积累特性及 TF 的影响

Cd 含量在不同品种之间以及同一品种水稻各器官间存在明显的差异。穗节中的 Cd 含量最高，穗颈次之，籽粒和旗叶最低；穗节中的 Cd 含量是穗颈和旗叶 Cd 含量的 2～10 倍（图 7.1a，图 7.1b）。虽然 4 个品种的开花期和生育期非常接近，但 705 和 X24 的穗节、穗颈、茎秆中的 Cd 含量明显高于 F36 和 TGW，说明品种的遗传背景对各器官 Cd 积累能力有显著影响。

虽然各器官的 Cd 含量在品种间有明显差异，但喷施苹果酸后产生的降 Cd 效应更为显著，为了消除基因型及环境对苹果酸效应的影响，显示苹果酸浓度对 Cd 含量的影响，将 4 个品种进行了平均值的比较。结果显示，籽粒、穗颈、旗叶、穗节中 Cd 含量的下降幅度随着苹果酸喷施次数的增加而加大。与 CK 相比，喷施 2 次和 3 次苹果酸后，4 个品种籽粒中的 Cd 平均含量从 0.26 mg/kg 分别下降到 0.14 mg/kg 和 0.09 mg/kg（图 7.1c），降 Cd 幅度分别为 46.15% 和 65.38%（图 7.1d）；穗颈中的 Cd 平均含量从 0.51 mg/kg 分别下降到 0.31 mg/kg 和 0.18 mg/kg，降 Cd 幅度分别为 39.21% 和 64.71%；穗节中的 Cd 平均含量从 1.60 mg/kg 分别下降到 1.04 mg/kg 和 0.69 mg/kg，降 Cd 幅度分别为 35% 和 56.88%；旗叶中的 Cd 平均含量从 0.18 mg/kg 分别下降到 0.14 mg/kg 和 0.12 mg/kg，降 Cd 幅度分别为 22.22% 和 33.33%。

叶面喷施苹果酸不仅影响各器官中的 Cd 含量，也影响 Cd 在相邻器官间的转运效率。喷施苹果酸显著抑制了 Cd 从穗颈向籽粒、旗叶向穗节的转移。与对照相比，苹果酸处理下 Cd 的 TF$_{籽粒/穗颈}$ 分别下降了 24.37% 和 23.16%，TF$_{穗节/旗叶}$ 分别下降了 8.99% 和 28.24%（图 7.1e、图 7.1f）。

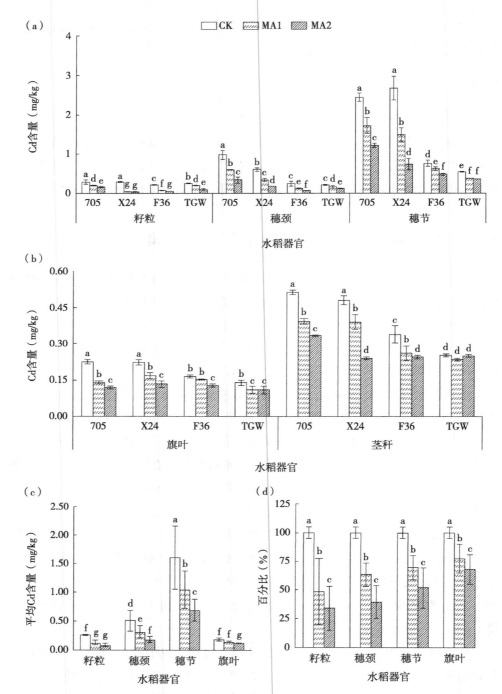

图 7.1　水稻开花期喷施苹果酸对水稻各器官 Cd 含量以及相邻器官 Cd TF 的影响

（柱上不同小写字母代表处理间差异达到 5% 显著水平）

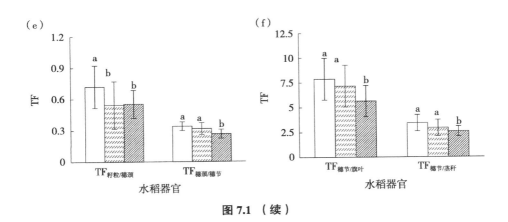

图 7.1　（续）

7.1.3　叶面喷施苹果酸对水稻各器官营养元素含量的影响

Ca、Fe、Mn 和 Zn 等营养元素的含量在水稻不同品种及不同器官间差异非常明显。Ca 和 Mn 含量在不同器官中的高低次序为旗叶最高，穗节和穗颈次之，籽粒最低（图 7.2a、图 7.2c）；Fe 含量的分布特征表现为旗叶最高，籽粒和穗颈次之，穗节最低（图 7.2b）；Zn 含量的分布特征表现为穗节最高，穗颈次之，籽粒和旗叶最低（图 7.2d）。营养元素在不同品种中分布也不同，X24 和 F36 的 Ca含量明显高于 705 和 TGW，TGW 的 Mn 含量明显低于其他 3 个品种，X24 和705 穗节中的 Zn 含量明显高于 F36 和 TGW。

喷施苹果酸后，4 个品种各器官中的 Mn、Fe 和 Zn 平均含量均显著下降，但 Ca 的平均含量显著上升（图 7.2e），喷施 2 次和 3 次苹果酸稻米中的 Ca 含量分别增加 16.02% 和 26.66%，稻米中的 Fe 含量分别减少 30.54% 和 43.14%，Mn 含量分别减少 23.07% 和 28.55%，Zn 含量分别减少 11.31% 和 19.57%；穗颈中的 Ca 含量分别增加 19.60% 和 47.86%，穗颈中的 Fe 含量分别减少 35.24%和 47.52%，Mn 含量分别减少 12.85% 和 37.99%，Zn 含量分别减少 30.78% 和50.28%；穗节中 Ca 含量分别增加 8.67% 和 31.25%，Fe 含量分别减少 22.27%和 41.57%，Mn 含量分别减少 15.78% 和 31.67%，Zn 含量分别减少 17.64% 和37.34%，旗叶中 Ca 含量分别增加 4.41% 和 36.26%，Fe 含量分别减少 57.37%和 81.59%，Mn 含量分别减少 24.05% 和 29.13%，Zn 含量分别减少 18.09% 和22.65%。

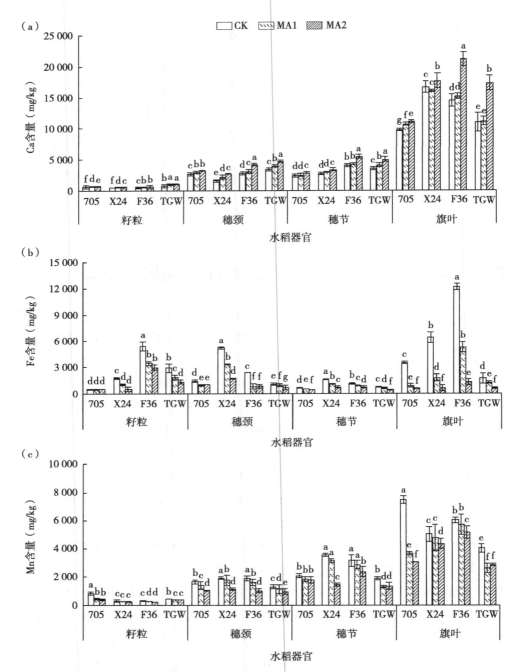

图 7.2 水稻开花期叶面喷施苹果酸对水稻各品种籽粒、穗颈、旗叶和节中 Ca（a）、Fe（b）、Mn（c）、Zn（d）含量及其平均含量增减幅度（e）的影响

（柱上不同小写字母代表处理间差异达到 5% 显著水平）

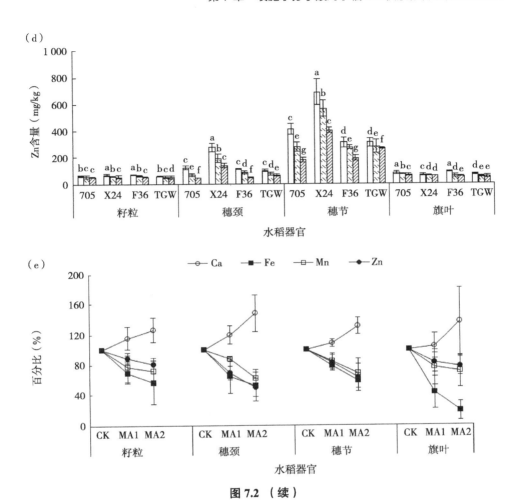

图 7.2　（续）

7.1.4　叶面喷施苹果酸对水稻各器官营养元素 TF 的影响

叶面喷施苹果酸不仅影响各器官中必需营养元素的含量，也影响营养元素在相邻器官间的转运效率。苹果酸能促进 Ca 从穗节向穗颈中转移，而且各个品种之间也有差异，其中 X24 和 F36 的 TF$_{穗颈/穗节}$与 CK 差异达到显著水平；苹果酸也显著促进了 Fe 从旗叶向穗节的转移。与此同时，喷施苹果酸抑制了 Zn 从穗节向穗颈的转移，但促进了 Zn 从穗颈向籽粒中转移，705 中 Zn 的 TF$_{籽粒/穗颈}$显著提高（表 7.2）。

表 7.2 苹果酸对水稻器官间营养元素 TF 的影响

元素	品种	$TF_{籽粒/穗颈}$			$TF_{穗颈/穗节}$			$TF_{穗节/旗叶}$		
		CK	MA1	MA2	CK	MA1	MA2	CK	MA1	MA2
Ca	705	0.23 ± 0.02a	0.22 ± 0.01a	0.21 ± 0.02a	1.12 ± 0.23a	1.18 ± 0.76a	1.12 ± 0.61a	1.03 ± 0.32a	0.94 ± 0.06b	0.92 ± 0.03b
	X24	0.29 ± 0.04a	0.25 ± 0.02b	0.22 ± 0.01b	0.58 ± 0.06c	0.74 ± 0.06b	0.81 ± 0.09a	0.13 ± 0.01c	0.18 ± 0.01b	0.28 ± 0.01a
	F36	0.19 ± 0.01a	0.18 ± 0.01a	0.14 ± 0.01b	0.67 ± 0.04b	0.73 ± 0.02a	0.77 ± 0.06a	0.28 ± 0.01a	0.28 ± 0.02a	0.26 ± 0.02a
	TGW	0.22 ± 0.02a	0.25 ± 0.02a	0.22 ± 0.02a	0.95 ± 0.04a	0.97 ± 0.11a	0.94 ± 0.05a	0.32 ± 0.03b	0.37 ± 0.01a	0.29 ± 0.02b
Fe	705	0.36 ± 0.01b	0.46 ± 0.03a	0.47 ± 0.03a	2.05 ± 0.65a	1.83 ± 0.09b	2.34 ± 0.83a	0.19 ± 0.01c	0.58 ± 0.04b	0.76 ± 0.08a
	X24	0.33 ± 0.02a	0.32 ± 0.02a	0.3 ± 0.21a	3.21 ± 0.87a	2.96 ± 0.76b	2.36 ± 0.74c	0.25 ± 0.03c	0.62 ± 0.03b	1.17 ± 0.25a
	F36	2.28 ± 0.01c	4.14 ± 0.51a	3.38 ± 0.11b	2.09 ± 0.54a	0.91 ± 0.12c	1.16 ± 0.11b	0.09 ± 0.01c	0.17 ± 0.01b	0.57 ± 0.06a
	TGW	2.65 ± 0.29a	1.87 ± 0.21b	1.87 ± 0.09b	1.46 ± 0.61c	1.59 ± 0.13b	1.67 ± 0.09a	0.43 ± 0.05b	0.49 ± 0.02b	0.68 ± 0.04a
Zn	705	0.5 ± 0.03c	0.82 ± 0.07b	1.12 ± 0.85a	0.29 ± 0.01a	0.25 ± 0.01a	0.26 ± 0.01a	5.2 ± 1.14a	3.85 ± 0.41b	2.74 ± 0.56c
	X24	0.26 ± 0.05c	0.31 ± 0.01b	0.39 ± 0.01a	0.4 ± 0.02a	0.34 ± 0.01b	0.35 ± 0.02b	10.7 ± 0.98a	9.48 ± 0.91b	7.08 ± 1.26c
	F36	0.63 ± 0.01c	0.7 ± 0.06b	1.09 ± 0.61a	0.36 ± 0.01a	0.31 ± 0.02a	0.25 ± 0.01b	3.56 ± 0.31b	4.77 ± 0.63a	3.56 ± 0.68b
	TGW	0.59 ± 0.04b	0.73 ± 0.03a	0.75 ± 0.06a	0.32 ± 0.03a	0.26 ± 0.01b	0.25 ± 0.02b	4.75 ± 0.33b	5.62 ± 0.73a	5.41 ± 0.86a
Mn	705	0.51 ± 0.01a	0.29 ± 0.04c	0.37 ± 0.01b	0.8 ± 0.04a	0.76 ± 0.02b	0.57 ± 0.06c	0.27 ± 0.03b	0.5 ± 0.02a	0.58 ± 0.01a
	X24	0.15 ± 0.03b	0.15 ± 0.01b	0.2 ± 0.01a	0.54 ± 0.02b	0.56 ± 0.03b	0.78 ± 0.02a	0.71 ± 0.06a	0.66 ± 0.01b	0.33 ± 0.02c
	F36	0.15 ± 0.01b	0.15 ± 0.02b	0.21 ± 0.02a	0.6 ± 0.01a	0.56 ± 0.07b	0.43 ± 0.01c	0.52 ± 0.02a	0.49 ± 0.03a	0.45 ± 0.01a
	TGW	0.34 ± 0.02a	0.31 ± 0.01a	0.39 ± 0.01a	0.68 ± 0.04b	0.88 ± 0.06a	0.7 ± 0.02b	0.47 ± 0.01a	0.5 ± 0.03a	0.47 ± 0.02a

注：同行不同小写字母代表 3 个喷施处理（CK、MA1、MA2）间差异达到 5% 显著水平。

7.1.5　叶面喷施苹果酸对水稻籽粒氨基酸含量的影响

稻米中的 Glu 含量（18.37～24.34 mg/kg）显著高于其他氨基酸，约是其他氨基酸的 2 倍以上（图 7.3a）。在 Cd 污染土壤中进行栽培时，705 和 TGW 稻米中的 Glu 含量明显低于 X24 和 F36。Leu、Arg、Val、Ala、Gly、Asp、Phe、Lys、Ser、Cys 的含量在品种间的差异比较小，大多在 3.49～8.52 mg/kg。Ile、Tyr 和 His 的含量相对较低，但它们在 F36 中的含量显著高于其他 3 个品种。喷施 2 次苹果酸对稻米中的氨基酸含量没有显著影响，喷施 3 次苹果酸显著提高了 Gly 和 Val 的含量，与 CK 相比，Gly 和 Val 的含量分别增加了 46.45% 和 34.56%（图 7.3b）。喷施 3 次苹果酸对 Glu、Leu 和 Cys 的含量也有提高，但未达到 5% 的显著水平。

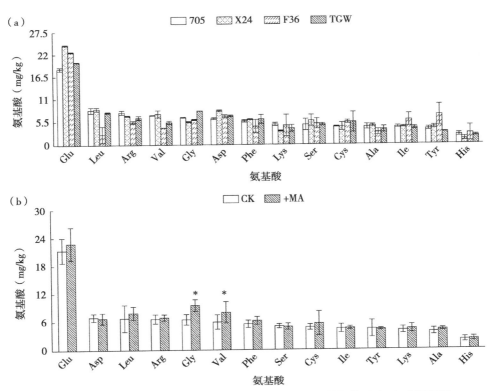

图 7.3　水稻开花期叶面喷施苹果酸对 4 个水稻品种籽粒氨基酸（a）含量及其平均含量（b）的影响

（* 表示处理间差异达到 5% 显著水平）

7.1.6　讨论与结论

苹果酸能通过呼吸作用对植物体内许多代谢过程产生调控作用。苹果酸具有信号传导功能，在提高植物抗逆能力方面发挥着重要作用（Finkemeier et al.，2013；Zhao et al.，2018）。虽然水稻叶片中含有大量的苹果酸，但水稻开花期喷施 5 mmol/L 的苹果酸，依然能够对水稻灌浆过程中的 Cd 和营养元素的转运产生显著的影响（张烁 等，2018）。近年来，叶面喷施肥料已经成为了水稻降 Cd 的重要措施。韩潇潇等（2019）研究表明，叶面喷施 Zn 和 Mn 等必需营养元素，能够提高水稻抗逆性，抑制 Cd 从根系向籽粒的转运；喷施黄腐酸、胡敏酸钾、有机硅等降低籽粒中的 Cd 含量（Wang et al.，2016；Chen et al.，2018）。本研究结果显示，叶面喷施苹果酸也能够降低稻米 Cd 含量，并且喷施 2 次 5 mmol/L 苹果酸的效果更好。

水稻籽粒中的 Cd 含量受基因型和环境的共同影响，品种类型、生长季节、海拔高度、播种方式、灌水方式等都会显著影响稻米中的 Cd 含量（黄永春 等，2020）。本研究选用的 4 个早稻品种 Cd 积累特性不同，在籽粒和穗颈中 Cd 含量由多到少依次为 705＞X24＞TGW＞F36。喷施清水后，稻米中的 Cd 含量（0.22～0.29 mg/kg）均大于我国规定的稻米 Cd 含量上限 0.2 mg/kg（GB 2762—2022），各器官中的 Cd 含量也有明显的差异，其中穗节中的 Cd 含量最高，品种间的差异也最大，变幅为 0.55～2.67 mg/kg。经过穗颈和穗轴的拦截，稻米中的 Cd 含量在品种间的差异明显变小。喷施苹果酸后，4 个品种籽粒中的 Cd 含量均下降至 0.2 mg/kg 以下，且降 Cd 幅度达到了 46.15% 和 65.38%；与此同时，穗节中的 Cd 含量以及 Cd 在器官间的 TF$_{穗节/旗叶}$ 和 TF$_{籽粒/穗颈}$ 也大幅度下降。这可能是由于叶面喷施的苹果酸，一部分与叶片中的 Cd 形成了 MA-Cd 螯合物，阻止了灌浆过程中叶片中的 Cd 向穗节的转运；另一部分苹果酸可能转运到穗节和穗颈中，在这些器官中与 Cd 形成 MA-Cd 螯合物，抑制了 Cd 从穗颈向籽粒的转运，致使稻米中 Cd 的含量大幅下降（Han et al.，2013）。由此可见，喷施苹果酸能够有效抑制水稻灌浆期间 Cd 从旗叶向稻米中的转运，使 Cd 污染农田中的稻米 Cd 超标风险显著下降，从而实现污染农田安全利用的目标；但在营养生长阶段喷施苹果酸，是否能够抑制污染土壤中的 Cd 进入根系及其向营养器官转运的过程，尚需进一步的研究。

NSCCs 是一种普遍存在于生物膜上的离子通道，它们能够直接参与植物体内的许多生理过程，如摄取营养、维持压力、传导信号等（刘仲齐 等，2017）。水稻体内的 NSCCs 能优先转运必需营养元素，提高 Ca、Mn、Zn 等元素的含量，或者抑制 NSCCs 的活性，都能有效削弱 Cd 对 NSCCs 的竞争性结合，显著抑制水稻植株对 Cd 的吸收和转运（Wang et al.，2016；张参俊 等，2015）。离子通道的开放与关闭状态常受许多因素的影响，一般将离子通道分为电压门控型、配体门控型和机械门控型三大类（刘胜浩 等，2006），但电压、配体和机械刺激间有复杂的交互作用（刘仲齐 等，2019）。本研究发现，叶面喷施苹果酸，能同时降低水稻籽粒、穗颈和穗节中的 Cd 含量以及 Fe、Mn、Zn 的含量，却显著提高了这些器官中的 Ca 含量。说明苹果酸对离子通道的开放程度和选择透性产生了调控作用，使得 Zn、Fe、Mn 和 Cd 的转运受到抑制，导致它们在各器官中的含量下降；或者是苹果酸对锌铁转运蛋白（ZIP）的离子转运功能产生了抑制作用（张参俊 等，2015；尹洁 等，2016），致使穗节等器官中的 Zn、Fe 和 Cd 同步下降。苹果酸在降低 Cd、Fe、Mn 和 Zn 离子转运速率的同时，也提高了 Ca^{2+} 从稻穗各部位向稻米中的转运。大量的研究证明，Ca^{2+} 是生物体内最重要的信号因子之一（刘仲齐 等，2019），Ca^{2+} 在动物、植物和微生物抵制不良环境过程中发挥了重要的作用。有些离子通道对重金属的敏感性既与离子通道的氨基酸残基构成有关，也与细胞中的 Ca 浓度有关（Zhou et al.，2015）。苹果酸有可能通过增加水稻穗部器官中 Ca^{2+} 的浓度提高了离子通道对有害重金属 Cd 的识别和拦截能力。

　　氨基酸是合成蛋白质最重要的前体物质和组分（王莹 等，2008），与酶活性、基因表达和离子转运的调控有关，在提高植物抗逆能力方面发挥着关键作用（Cuin et al.，2007）。Cd 污染不仅会降低水稻各个器官必需营养元素的含量，而且会导致籽粒中氨基酸含量的下降（Yuan et al.，2020）。本研究发现，稻米中的 Glu 含量远远高于其他氨基酸，在品种间有显著的差异，叶面喷施苹果酸能够显著提高 Gly 和 Val 的含量，对 Glu、Leu 和 Cys 的合成也有明显的促进作用。这可能是因为叶面喷施苹果酸后，稻米的 Cd 含量大幅度下降，Cd 对氨基酸合成的抑制效应被消除；也可能是苹果酸通过促进 TCA 循环，提高 α-KG 向 Glu 的转化效率，进而促进了其他氨基酸的合成。

　　综上所述，水稻开花期喷施 2～3 次苹果酸能显著降低成熟期籽粒、穗颈、旗叶和穗节中的 Cd 含量，对 4 个水稻品种全部有效。叶面喷施苹果酸对水稻各器官中 Ca、Fe、Mn、Zn 的含量及其在相邻器官间的 TF 产生了显著影响。喷施苹果酸后，各器官中的 Mn、Fe 和 Zn 含量均显著下降，Ca 的含量显著上升。喷施 3 次苹果酸后，稻米中的 Gly 和 Val 含量分别增加了 46.45% 和 34.56%；对 Glu、Leu 和 Cys 的合成也有明显的促进作用。

7.2　苹果酸-Asp 代谢对水稻 Cd 吸收转运特性的影响

苹果酸循环与氨基酸代谢有密切的关系。TCA 和乙醛酸循环代谢过程中产生的苹果酸，可以通过氧化作用转化成草酰乙酸（OAA），后者在 Asp 氨基转移酶（AST）（也叫谷草转氨酶，GOT）的催化下转化成 Asp，进而合成 Glu、Lys、Thr 等一系列氨基酸。这些氨基酸能够通过螯合作用降低 Cd 的生物活性，抑制 Cd 向稻米中的转运（黄永春 等，2020）。此外，苹果酸还具有补充和平衡 TCA 其他代谢产物的功能，以保证氨基酸和糖代谢对有机酸的需求（Lampugnani et al.，2019）。在植物的根、茎、叶、花和果实等多种器官中，都能通过苹果酸在液泡中的储存和释放过程来调控有机酸、氨基酸、脂肪酸和可溶性糖之间的转化，同时调控细胞渗透势和含氮化合物的转运等过程（Walker et al.，2018）。本研究采用根际添加和叶面喷施苹果酸的方法，对苹果酸通过氨基酸代谢缓解 Cd 毒害的生理机制进行了探讨。

7.2.1　材料与方法

以湖南大面积种植的籼稻品种中早 35 为材料，在农业农村部环境保护科研监测所人工气候室和日光温室分别进行水培试验和盆栽试验。盆栽土壤为来自广西壮族自治区河池市某地的水稻土，其基本理化性质为：pH 值 6.53，有机质 17.20 g/kg，全氮 0.164%，全磷 0.024%，全钾 1.20%，速效钾 84.96 mg/kg，有效磷 17.1 mg/kg，阳离子交换量 7.82 cmol/kg，Cd 含量 0.69 mg/kg。

7.2.1.1　水培试验方法

选取饱满的水稻种子，用 H_2O_2 溶液进行种子表面消毒后，均匀铺至育苗盘内，放置在人工气候室中进行发芽培养。水稻幼苗长至两叶一心时，转移至 1/10 Hoagland 营养液中培养 7～10 d。当多数水稻幼苗进入三叶一心期后，从中挑选大小均匀的幼苗，转移到去离子水中饥饿处理 24 h，再分别转移至含有 2.7 μmol/L Cd、2.7 μmol/L Cd+0.5 mmol/L 苹果酸（Cd+MA1）、2.7 μmol/L Cd+1.0 mmol/L 苹果酸（Cd+MA2）、2.7μmol/L Cd+1.5 mmol/L 苹果酸（Cd+MA3）的 1/10 Hoagland 营养液中处理 7 d，用 KOH 和 HNO₃ 调节 pH 至 5.5～6.0。每个处理重复 3 次，每个重复 15 株苗。处理液每隔 1 d 更换一次。处理结束后，先将幼苗根系浸泡在 5 mmol/L CaCl₂ 溶液中 20 min，去除表面吸附的离子，再用去离子水漂洗干净。从各重复中随机取 5 株水稻幼苗，用根系扫描仪（EPSON STD 1600，winRhizo system V.4.0b）扫描根系，测定水稻幼苗的总根长、根表面积和根尖数。然后将各处理的水稻根系与地上部分开，杀青（105℃，15 min）后烘干待用。人工气候室条件参数：昼夜时间为 16 h/8h，昼夜温度为 25℃ /20℃，白天光照 105 μmol/（m² · s），相对湿度 60%。

7.2.1.2　盆栽试验方法

水稻种子在 1% 的次氯酸钠溶液中浸泡 15 min 后，用去离子水洗净后播种于育苗盘中，根据苗龄，依次浇灌 1/10～1/2 的 Hoagland 营养液，长到五叶一心之后，选取长势均匀的苗子，移栽到装有 5 kg 土壤的塑料盆中，每盆 9 株。水稻开花期进行叶面喷施处理，处理 1 喷施去离子水（CK）；处理 2 喷施 2 次 5 mmol/L 苹果酸（MA1）；处理 3 喷施 3 次 5 mmol/L 苹果酸（MA2），每个处理重复 4 次，每次喷施体积总量为 30 mL。水稻成熟期收取水稻籽粒、穗颈、旗叶、节和茎秆等样品进行前处理，用于测定 Cd 含量、必需营养元素含量和籽粒氨基酸含量等指标。

7.2.1.3　Cd 含量及亚细胞分布的测定

水培试验的水稻幼苗根系和地上部以及盆栽试验收获的水稻各器官，烘干后磨成粉。分别称取 0.5 g 样品于消解管中，加入 7 mL HNO₃ 摇匀，室温下静置 12 h。将消解管放入电热消解仪 ED54 上进行消解，温度 110℃，加热 2.5 h 后，冷却至室温，在消煮管内加入 1 mL H₂O₂ 摇匀，110℃继续加热 1.5 h。将消解管内的液体于 170℃下赶酸至 1 mL 以内。再消解液稀释并转移至 25 mL 容量瓶定容，用 ICP-MS（Agilent 7500a，USA）测定样品中 Cd 含量。

Cd 的亚细胞分布方法主要依照 Han 等（2019）的方法。从收取的水稻幼苗根系和地上部鲜样中，分别称取 0.25 g 和 0.50 g 置于研钵中，加入提取缓冲液进行充分研磨后使之成匀浆液。然后在 3 000 r/min 下离心 15 min，沉淀为细胞壁组分（F1）。取上清液在 15 000 r/min 下离心 30 min，沉淀部分为细胞器组分（F2），上清液为细胞液组分（F3）。整个实验操作过程在 4℃下进行。提取缓冲液组成为：250 mmol/L SUC、50 mmol/L Tris-HCl（pH 值 7.5）和 1.0 mmol/L 的二硫赤鲜醇。把收集到的 3 种亚细胞组分分别放 70℃在电热板上蒸干至恒重，测定其中的 Cd 含量。

7.2.1.4 酶活性测定

水稻开花期标记单穗的开花时间，按照开花后 5 d、10 d、15 d、20 d、25 d、30 d 的间隔，从每个重复中分别剪取发育正常的稻穗 3 个，在液氮中研磨成匀浆，从中取 0.20 g 左右的匀浆转移到离心管中，加入 1.8 mL 缓冲液（pH=7.4，0.05 mol/L Tris-HCl）在冰上静置 5 min，然后离心 10 min（4℃，12 000 r/min），上清液即为酶的粗提液。苹果酸脱氢酶（MDH）和 AST 的酶活性用试剂盒（北京索莱宝科技有限公司）测定。MDH 的活性单位用每小时催化产生 1 μmol/L NADH 的酶量来表示，AST 的酶活性单位用每小时催化产生 1 μmol/L 丙酮酸的酶量来表示。

7.2.1.5 氨基酸和巯基化合物的测定

样品中的游离氨基酸依据 Xue 等（2022）的方法进行提取。将植物样品晒干磨碎后过筛，称取 0.20 g 加入 2.0 mL 去离子水，然后超声处理 30 min，离心（4℃，10 000 r/min）10 min 后取上清液；残渣再用 2.0 mL 去离子水复提，将 2 次上清液混合均匀后用 0.22 μmol/L 滤膜过滤后待测。

巯基化合物测定参照 Han 等（2019）的方法，分别称取 0.20 g 根系和地上部鲜样，充分研磨后，加入 1.8 mL 的提取缓冲液转移到离心管中，离心（4℃，12 000 r/min）10 min 后，将上清液轻轻地倒入新的离心管中，加入 650 μL HEPES 缓冲液和 25 μL TCEP 溶液，混合均匀后，在室温（25℃）下预培养 5 min，再加入 20 μL mBBr 溶液，在黑暗条件下（25℃）衍生反应 30 min，用 1.0 mol/L 的 MSA 100 μL 终止衍生化反应，将液体用 0.22 μm 过滤膜过滤后，用 HPLC（Agilent 1200，USA）测定 GSH 和 PCs 的含量。

7.2.2　苹果酸对水稻幼苗根系形态和 Cd 积累特性的影响

苹果酸能显著促进根系的生长发育并抑制 Cd 的吸收和转运。在含有 2.7 μmol/L Cd 的培养液中加入 0.5～1.5 mmol/L 的苹果酸使水稻幼苗单株平均根尖数增加 43.6%～96.1%（图 7.4a），总根长增加 31.5～44.3 cm（图 7.4b）。根系的总表面积从 8.8 cm² 增加到 9.8 cm²。随着培养液中苹果酸浓度的增加，根系和地上部中的 Cd 含量显著下降。根系中的 Cd 含量主要分布在 F1 中，其次是 F3，F2 中的 Cd 含量非常低。根系 F1 中的 Cd 含量对苹果酸最为敏感，添加 0.5 mmol/L、1.0 mmol/L、1.5 mmol/L 的苹果酸使水稻根系 F3 组分中的 Cd 含量分别下降 7.9%、35.9%、45.5%，而根系 F1 组分中 Cd 含量仅分别下降 23.8%、34.8%、39.6%（图 7.4c）。与根系不同的是，地上部 F1 和 F3 中的 Cd 含量比较接近，地上部 F3 组分 Cd 含量对苹果酸最为敏感。添加 0.5 mmol/L、1.0 mmol/L、1.5 mmol/L 的苹果酸使水稻幼苗地上部 F3 组分的 Cd 含量分别下降 29.5%、37.1%、39.7%，而 F1 组分的 Cd 含量仅分别下降 6.7%、16.4%、13.9%（图 7.4d）。

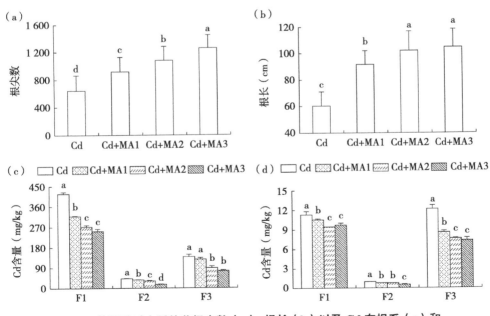

图 7.4　苹果酸对水稻幼苗根尖数（a）、根长（b）以及 Cd 在根系（c）和

地上部（d）亚细胞分布特征的影响

（柱上不同小写字母代表处理间差异达到 5% 显著水平）

7.2.3 苹果酸对水稻幼苗氨基酸和 PCs 含量的影响

在培养液中添加不同浓度的苹果酸后，水稻幼苗根系和地上部中的大部分氨基酸呈现出明显的增长趋势。在无苹果酸的 Cd 胁迫处理中，幼苗根系和地上部的游离氨基酸总量分别为 13.1 g/kg 和 10.1 g/kg。添加 0.5 mmol/L、1.0 mmol/L 和 1.5 mmol/L 苹果酸后，幼苗根系中的氨基酸总量分别达到 14.9 g/kg、15.9 g/kg 和 18.2 g/kg，地上部的氨基酸总量分别达到 11.9 g/kg、13.1 g/kg 和 15.2 g/kg。在检测到的 12 种游离氨基酸中，根系中 Ala、Asp、Glu、Cys、Gly 和 Val 等 6 种氨基酸对苹果酸的浓度特别敏感，添加 0.5 mmol/L 的苹果酸即能使它们的含量显著增加，添加 1.5 mmol/L 苹果酸使根系中 Asp、Glu、Cys 和 Gly 的含量增加 92.9%～140.0%；Ala 和 Val 的含量增加 41.7%～54.5%（图 7.5a）。地上部 Ala、Asp、Glu、Cys、Gly 和 Trp 等 6 种氨基酸对苹果酸的浓度特别敏感，添加 1.5 mmol/L 苹果酸使地上部中 Ala、Asp、Cys 和 Gly 含量增加 18.2%～66.7%，Glu 和 Trp 含量增加 90.9%～100.0%（图 7.5b）。添加苹果酸后，根系和地上部 5 种氨基酸（Ala、Asp、Glu、Cys 和 Gly）的含量都呈显著增加的趋势。

植物体内的 GSH 和 PCs 能通过螯合作用消除 Cd 的生理毒性。GSH 是由 Glu、Cys 和 Gly 结合而成的三肽化合物（γ-Glu-L-Cys-L-Gly），它可以进一步合成结构为 [(γ-Glu-L-Cys)$_{2\sim11}$-Gly] 的 PCs。培养液中添加苹果酸后，水稻地上部与根系中的 GSH 均显著增加（图 7.5），其中 1.5 mmol/L 苹果酸使地上部和根系中的 GSH 分别增加了 68.4% 和 33.7%。与 GSH 含量的变化趋势相反，随着培养液中苹果酸浓度的增加，地上部和根系中的 PC_2、PC_3、PC_4 的含量呈显著的下降趋势（图 7.5）。在检测到的 PCs 中，PC_3 的含量明显高于 PC_2 和 PC_4。添加 1.5 mmol/L 苹果酸使地上部和根系的 PC_3 分别减少了 84.7% 和 81.7%。

7.2.4 喷施苹果酸对水稻各器官 Cd 含量的影响

在土壤 Cd 含量为 0.69 mg/kg 的盆栽试验中，中早 35 稻米中的 Cd 含量高达 0.56 mg/kg。水稻开花期喷施 2～3 次 5 mmol/L 苹果酸显著降低了成熟期稻米和穗轴中的 Cd 含量，下降幅度为 37.5%～55.4%（图 7.6a）。在苹果酸的作用下，植株顶部营养器官旗叶、穗颈和穗节中的 Cd 含量显著下降

（图 7.6b）；茎秆基部的 Cd 含量也呈下降趋势，但未达 5% 显著水平。喷施苹果酸后，相邻器官间的 Cd TF 也显著下降（图 7.6c）。喷施 2 次和 3 次苹果酸使 Cd 的 TF$_{籽粒/穗轴}$从 0.41 分别下降到 0.38 和 0.32，TF$_{穗轴/穗颈}$和 TF$_{穗颈/穗节}$都显著低于喷水的对照处理。穗节和茎基部压缩的分蘖节是营养器官中 Cd 富集能力最强的器官，苹果酸对它们之间的 Cd TF 也有显著影响，TF$_{穗节/茎基}$从 1.37 下降到 1.14～1.16。

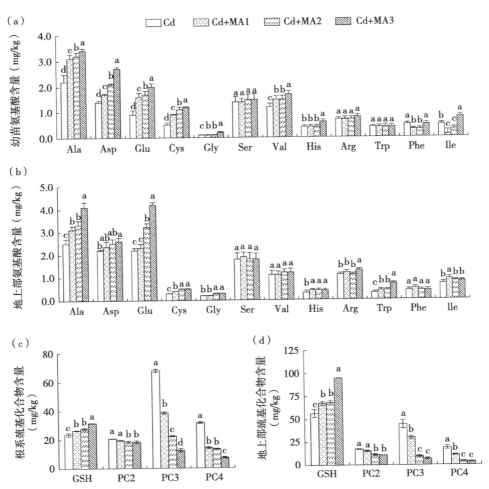

图 7.5　苹果酸对水稻幼苗根系（a）和地上部（b）氨基酸、根系（c）和地上部（d）巯基化合物的影响

（柱上不同小写字母代表处理间差异达到 5% 显著水平）

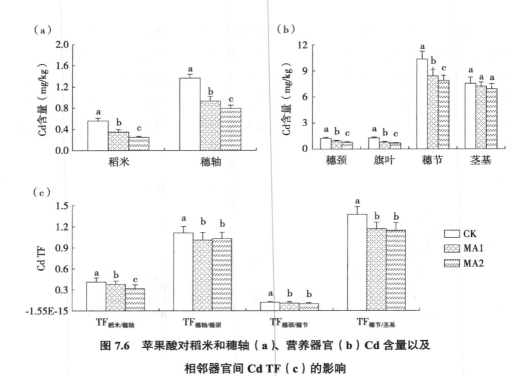

图 7.6　苹果酸对稻米和穗轴（a）、营养器官（b）Cd 含量以及

相邻器官间 Cd TF（c）的影响

（柱上不同小写字母代表处理间差异达到 5% 显著水平）

7.2.5　喷施苹果酸对水稻 Asp 和 Glu 合成的影响

在 MDH 的催化下，细胞中的苹果酸能高效转化成草酰乙酸（OAA），后者在 AST 的催化下转化成 Asp（4 碳氨基酸）；AST 也能够催化 α-KG 转化成 Glu（5 碳氨基酸）（图 7.7a）。开花期喷施苹果酸后 4～5 d，稻穗中的 MDH 活性显著增加，开花后 10 d 达到最大值；到了灌浆中后期（开花后 20 d），MDH 活性略有下降，但依然显著高于对照处理（图 7.7b）。在开花后 10～30 d 的时间内，MA1 和 MA2 处理分别使 MDH 活性提高 50.8%～74.5% 和 63.0%～96.8%。稻穗中 AST 的活性在开花后 5 d 就达到最大值，一直保持到开花后 20 d，此后开始显著下降（图 7.7c）。在开花后 5～30 d 的时间内，MA1 和 MA2 处理分别使 AST 酶活性提高 5.5%～12.1% 和 14.6%～22.6%。

随着酶活性的增加，稻米和旗叶等器官中的游离 Asp 和 Glu 含量也显著增加。MA1 和 MA2 处理显著提高了稻米、穗轴、旗叶和穗节中的 Asp 含量，对穗颈和茎基部的 Asp 含量无显著影响（图 7.7d）。各器官中游离 Glu 的含量显著高于 Asp，MA1 和 MA2 处理显著提高了稻米、穗轴、旗叶、穗颈和穗节中的 Glu 含量，仅对茎基部的 Glu 含量无显著影响（图 7.7E）。

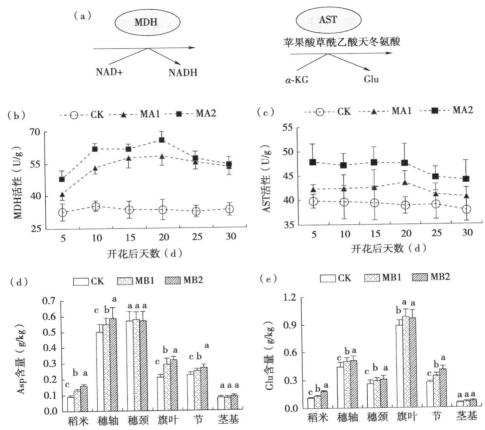

图 7.7　苹果酸-Asp 合成路线（a），苹果酸对 MDH（b）和 AST（c）酶活性以及
各器官 Asp（d）和 Glu（e）含量的影响
（柱上不同小写字母代表处理间差异达到 5% 显著水平）

7.2.6　讨论与结论

在长期的自然进化过程中，水稻形成了适应逆境胁迫的生理调控机制。当根际环境中的 Cd 进入水稻根系细胞后，许多 Cd 离子被细胞壁中的大分子所固定，进入细胞膜的 Cd 会被转运到液泡中封存起来，以减弱或消除 Cd 对细胞质

中各种正常生理活动的干扰（Han et al.，2019）。本研究发现，根际环境中添加0.5～1.5 mmol/L 苹果酸，既能显著降低水稻根系细胞壁（F1）和细胞液（F3）中的 Cd 含量，又能显著增加根尖数目、根长和根表面积。随着根系细胞液中 Cd 含量的显著下降，转运到地上部的 Cd 总量大幅降低。这是由于细胞内的小分子有机酸（如苹果酸、柠檬酸等）、氨基酸和 PCs 等，能与 Cd、Pb 等重金属形成螯合物，并清除细胞内过量的 ROS 等有害物质（方治国 等，2022）。在 Cd 胁迫环境中，外源添加苹果酸能显著提高植物生长量，增加净光合速率，减少 ROS 积累，增强根系活性等，进而减轻 Cd 的毒害作用（Sebastian et al.，2018）。不仅如此，水稻开花期叶面喷施苹果酸，也能显著降低成熟期稻米和茎叶中的 Cd 含量。这说明，提高根系和叶片中的苹果酸浓度都能有效抑制水稻细胞对 Cd 的吸收和转运，降低地上部和稻米中的 Cd 含量。

水稻细胞内的 Glu 和 Asp 对 Cd 离子极为敏感，稻米和营养器官中的 Glu 和 Asp 含量随着 Cd 含量增加显著下降（Xue et al.，2022）。本研究发现，在水稻开花期喷施苹果酸后稻穗中 MDH 和 AST 酶活性显著增加，籽粒和茎叶中游离 Glu 和 Asp 含量显著上升，苹果酸是 TCA 过程中的重要中间产物，它与 OAA 之间的氧化还原反应有助于维持植物细胞内 NADH 和 NAD+ 的动态平衡（Zhao et al.，2020）。在细胞质中，苹果酸和 α-KG 通过氨基转移作用，调控 Asp 和 Glu 的合成。这说明喷施苹果酸激发转氨酶的酶活性，促进苹果酸-OAA-Asp 以及 α-KG-Glu 的转化过程。提高根际环境中的苹果酸浓度同样能显著提高根系和地上部的 Asp 和 Glu 含量。由此可见，在 Cd 胁迫环境中提高水稻细胞的苹果酸含量，能显著促进氨基转移过程，有效消除 Cd 对 Glu 和 Asp 合成的抑制作用。

GSH 是由 Glu、Cys 和 Gly 结合而成的三肽化合物（γ-Glu-L-Cys-L-Gly），是 PCs 的前体。在植物螯合肽合成酶（PCs）催化下，GSH 可以进一步合成结构为 $[(\gamma$-Glu-L-Cys$)_{2\sim11}$-Gly$]$ 的 PCs，能与 Cd 形成无毒、低分子质量的 Cd-S-PC 螯合物储存液泡中。水稻细胞中的 Cd 含量与 PCs 含量呈正相关。本研究发现，提高根际环境中的苹果酸浓度后，水稻根系和地上部组织中的 Glu、Cys 和 Gly 含量以及 GSH 含量显著增加，而 PC_2、PC_3、PC_4 的含量却随着苹果酸浓度的增加而减小。这说明苹果酸通过促进 Glu、Cys 和 Gly 的合成提高了细胞中的 GSH 含量。随着氨基酸和 GSH 含量的增加，细胞液中 Cd 含量显著下降，此时，细胞不需要合成更多的 PCs 来消除 Cd 的毒害，于是 PCs 的含量表现出下降趋势。

氨基酸代谢在植物的抗逆反应中发挥着重要作用。Asp 和 Asn、Glu 和谷氨酰胺是细胞中最重要的氮源供体，与酶活性和离子转运的调控有密切关系。增加 Glu 浓度能够提高阳离子通道对 Cd 的识别和拦截，抑制有害元素从营养器官向稻米中的转运（Li et al.，2019）。本研究发现，喷施苹果酸后，水稻籽粒、穗轴、穗颈、穗下节和旗叶中的游离 Glu 含量显著增加。水稻开花期喷施柠檬酸、巯基丁二酸等小分子酸能够激活水稻抗氧化防御体系，提高难溶态 Cd 在茎叶组织中的分配比例，调控水稻体内阳离子通道的活性，促进氨基酸合成和有益元素的转运，有效抑制 Cd 从营养器官向籽粒的转运。水稻开花期喷施苹果酸能够使 Cd 从茎基向上部茎叶以及稻米中转运的比率（即 TF）大幅下降，致使水稻各器官的 Cd 含量自下而上呈现显著下降的趋势。由此可见，喷施苹果酸在促进 Glu 和 Asp 合成的同时，显著提高了水稻营养器官对 Cd 的拦截能力，有效抑制水稻灌浆期间 Cd 从旗叶向稻米中的转运，显著降低稻米中的 Cd 含量。

综上所述，开花期喷施苹果酸显著降低成熟期稻米和穗轴以及旗叶、穗颈和穗下节中的 Cd 含量，使 Cd 从穗轴向稻米转运的比例从 0.41 下降到 0.32~0.38，相邻营养器官间 Cd 的 TF 也显著下降。喷施苹果酸后，显著提高灌浆期稻穗中 MDH 和 AST 的酶活性，使穗轴、穗茎和旗叶中 Glu 含量显著上升，从而抑制了 Cd 向顶部营养器官和稻米中的转运。

7.3　喷施氨基酸对水稻 Cd 转运特性和稻米氨基酸含量的影响

氨基酸是构建细胞和维持细胞基本代谢的基础分子之一，是蛋白质合成过程中碳和氮骨架的主要供体（Liao et al.，2022）。氨基酸不仅含有作物所需要的氮素养分，其中的 NH_2、OH、COOH 等基团还能够与 Fe、Zn、Mn 等形成螯合物，提高了微量元素进入植物细胞膜的亲合力和利用率，增加了作物对微量元素的吸收（Ashouri et al.，2023；Mahmoud et al.，2023）。叶面喷施含氨基酸的调理剂能对作物的生长发育和代谢过程产生多方面的影响。例如，水稻分蘖期喷施 Asp、Glu、Phe 等氨基酸，能够显著提高水稻产量和稻米中矿质元素以及氨基酸的含量（Mirtaleb et al.，2021；张雅荟 等，2021）。水稻茎叶吸收 Asp、Lys 等外源氨基酸后，植物体内抗氧化酶的酶活性以及叶绿素含量显著增加，对 Cd、

Pb 等重金属的耐受能力显著提高（Bashir et al.，2018；Yang et al.，2021）。把水稻种植在 Cd 污染农田中，水稻茎叶和稻米中的游离氨基酸含量都会因 Cd 含量的增加显著下降（Yuan et al.，2020；Zhang et al.，2024）。这些结果说明，氨基酸代谢与稻米的 Cd 积累特性密切相关。因此，本试验以不同的外源氨基酸为诱导因素，来比较它们降 Cd 效果的异同及其与稻米营养品质的关系。

本试验以湖南早稻为材料，采用水稻开花期叶面喷施氨基酸的方法，对成熟期水稻各器官中 Cd 与 Ca、Mn、Fe、Zn 的比例关系以及稻米氨基酸含量的变化进行分析，对 6 种氨基酸的降 Cd 效果和机理进行了探讨，旨在为降 Cd 叶面调理剂的筛选和研发提供参考依据。

7.3.1   试验材料与试验设计

以湖南大面积种植的籼稻品种中早 35 为材料，在湖南省湘潭市（28°42′N，112°51′E）进行田间试验。农田土壤为红壤性水稻土，表层土壤（0～20 cm）的 Cd 含量为 0.69 mg/kg，pH 值 5.5，有机质含量 13.85 g/kg，阳离子交换量（CEC）为 9.81 cmol/kg。

试验设置 1 个对照组（CK）和 6 个处理组，处理组的氨基酸浓度分别为：10.0 mmol/L 的 Phe、Gly、Ile、Ser、Met 和 0.02 mmol/L 的 Trp。采取完全随机区组设计，小区面积 10 m²（2.5 m×4 m），每个处理设置 4 次重复。

水稻进入开花期后，分别将 1 L 配制好的氨基酸溶液倒入手持式喷壶中，加入 0.5 g 十二烷基苯磺酸钠作为表面活性剂，混匀后均匀地喷施在水稻叶面上，对照组喷施 1 L 自来水（CK）。每天喷施一次，连续喷施 2 d。成熟期采集不带根系的水稻植株。水稻自然晾干后，将水稻植株分为籽粒、穗轴、旗叶、穗颈（即穗下节间）、穗下节共 5 部分，放入烘箱在 75℃的条件下烘干。

7.3.2   测定方法

7.3.2.1   重金属含量测定

Cd 和矿质元素的含量测定方法见 2.1.2.1。

7.3.2.2　氨基酸含量测定

参照 Yuan 等（2020）的方法，称取 0.25 g 稻米粉末，加入 15 mL 6 mmol/L 的 HCl 在 110℃下水解 22 h，用去离子水定容至 50 mL，吸取 1 mL 消解液于玻璃试管中，在（50±2）℃水浴条件下氮吹至液体蒸发干，再加入 1 mL 去离子水继续氮吹至管内干燥，加入 2.0 mL 柠檬酸钠缓冲液（pH 值 2.2）将干燥物充分溶解，过 0.22 μm 滤膜得到待测液，用高效液相色谱系统（Agilent Technologies，Palo Alto，CA）进行氨基酸含量分析。液体流速设置为 1 mL/min。使用 C18 色谱柱（4.6 mm×150 mm，5 μm Agilent technologies，CA），柱温设置 40℃。流动相 A：$CH_3CN/CH_3OH/H_2O$：45/45/10；流动相 B：10 mm Na_2HPO_4，10 mmol/L $Na_2B_4O_7 \cdot 10H_2O$，pH 值 8.2。梯度洗脱参数：0～0.35 min，2% A 和 98% B；0.35～13.4 min，2%～57% A 和 98%～43% B；13.4～15.7 min 100% A；15.7～18.0 min 100%～2% A，0～98% B。流速 1.0 mL/min。

7.3.3　喷施氨基酸对稻米和穗颈 Cd 及营养元素含量的影响

在中轻度 Cd 污染农田，稻米中的 Cd 含量达到 0.63 mg/kg，显著高于国家食品安全限量标准 0.2 mg/kg（GB 2762—2022）；穗颈和穗下节中的 Cd 含量分别达到 1.55 mg/kg 和 12.00 mg/kg，是稻米中 Cd 含量的 2.5～19.0 倍。水稻开花期叶面喷施 6 种氨基酸后，显著降低了稻米、穗颈和穗下节中的 Cd 含量，降 Cd 幅度在氨基酸间有明显的差异。和 CK 相比，叶面喷施 Trp 和 Met 后稻米和穗下节中的 Cd 含量分别下降 55.9%～57.3% 和 57.5%～73.3%；喷施 Ser 和 Ile 使稻米和穗下节的 Cd 含量分别下降 45.3%～51.1% 和 48.3%～49.2%；而喷施 Phe 和 Gly 仅使稻米和穗下节的 Cd 含量分别下降 24.7%～35.1% 和 24.2%～28.3%（图 7.8a）。喷施氨基酸后，穗下节、穗颈和稻米中的 Cd 含量呈同步下降的趋势。Trp 和 Met 的降 Cd 幅度最大，其次是 Ser 和 Ile，Phe 和 Gly 的降 Cd 幅度最小。

水稻开花期叶面喷施 6 种氨基酸后，对水稻成熟期稻米中的 Ca、Mn、Fe、Zn 的含量产生了不同程度的影响。喷施氨基酸后，稻米中的 Mn 含量从 26.1 mg/kg 下降到了 22.7～24.8 mg/kg，但处理间的差异未达显著水平；穗颈和穗下节中的 Mn 含量也呈下降趋势，其中穗下节中的 Mn 含量下降 15.8%～43.4%（图 7.8b）。与此同时，稻米中的 Ca 含量从 166.4 mg/kg 增加到 184.2～221.1 mg/kg，其中喷施 Phe 和 Gly 使稻米 Ca 增加 10.7%～14.1%，喷施 Ser、Ile、Met 和 Trp 使 Ca 增加 25.2%～32.9%（图 7.8c）。喷施 Phe、Gly 和 Ile 对稻米中的 Fe 含量无显著影响，但喷施 Ser、Met 和 Trp 使稻米中的 Fe 含量从 28.4 mg/kg 增加到了 32.5～36.3 mg/kg，增加幅度为 14.5%～28.0%（图 7.8d）。稻米中的 Zn 含量比较稳定（21.0～25.5 mg/kg），几乎不受氨基酸喷施处理的影响。

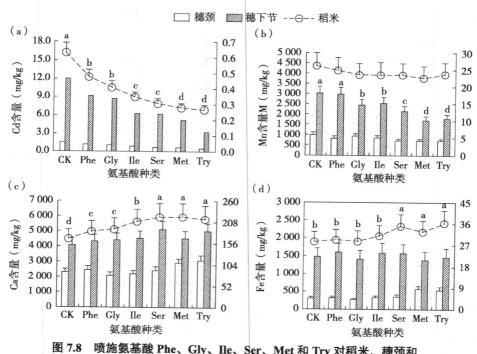

图 7.8 喷施氨基酸 Phe、Gly、Ile、Ser、Met 和 Try 对稻米、穗颈和
穗下节中 Cd、Mn、Ca 和 Fe 含量的影响

（柱上不同小写字母代表处理间差异达到 5% 显著水平）

7.3.4 喷施氨基酸对稻米 Cd TF 和离子选择透性的影响

来自旗叶和下部茎叶的 Cd 在穗下节中富集后，只有很少一部分被转运到了穗颈中，Cd 在穗下节和穗颈间的 TF$_{穗颈/穗下节}$为 0.13～0.18；Cd 从穗颈向稻米转运的比例明显增高，TF$_{稻米/穗颈}$为 0.37～0.48。开花期喷施氨基酸对 TF$_{穗颈/穗下节}$和 TF$_{稻米/穗颈}$没有显著影响（图 7.9a）。但是，喷施 Phe、Gly、Ile、Ser、Met 和 Trp 显著提高了离子通道对 Cd 的识别能力，降低了离子通道对 Cd 的容错率。CK 的稻米、穗颈和穗下节 Mn 离子通道对 Cd 的容错率分别为 2.42%、0.16%

和 0.40%，喷施 6 种氨基酸后，稻米、穗颈和穗下节中的 Cd/Mn 值分别下降为
1.14%～1.92%、0.08%～0.14% 和 0.18%～0.35%，不同的氨基酸处理间有显著差
异（图 7.9b）。

Ca 离子通道对 Cd 的容错率显著低于 Mn 通道，稻米、穗颈和穗下节中 Ca 离
子通道对 Cd 的容错率分别为 0.38%、0.07% 和 0.29%，喷施 6 种氨基酸后，稻米
中的 Cd：Ca 值下降至 0.13%～0.26%，穗颈和穗下节中的 Cd：Ca 值分别下降为
0.02%～0.05% 和 0.06%～0.21%（图 7.9c）。Fe 离子通道对 Cd 的容错率明显高于
Ca 和 Mn 通道，稻米、穗颈和穗下节中 Fe 离子通道对 Cd 的容错率分别为 2.23%、
0.50% 和 0.82%。喷施 6 种氨基酸后，稻米中的 Cd：Fe 值下降至 0.74%～1.64%，穗
颈和穗下节种的 Cd：Fe 值分别下降为 0.10%～0.40% 和 0.22%～0.60%（图 7.9d）。

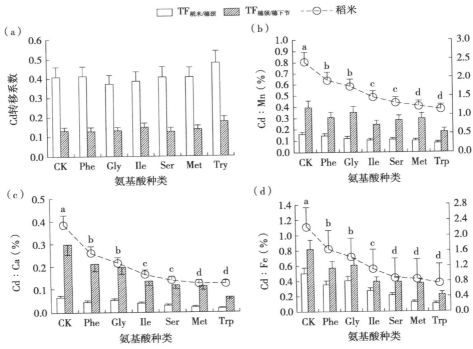

图 7.9 Cd 在器官间的 TF 以及 Mn、Ca 和 Fe 离子通道对 Cd 的容错率

（不同小写字母代表处理间差异达到 5% 显著水平）

稻米、穗茎和穗下节中离子通道对 Cd 的容错率随着各器官中 Cd 含量增加
而显著升高，Ca 通道对 Cd 的容错率显著低于 Fe、Mn 通道。稻米中的 Cd 含
量与 Ca、Fe、Mn 通道的容错率呈显著的线性相关，当稻米中的 Cd 含量从

0.27 mg/kg 增加到 0.63 mg/kg 时，Ca 离子通道对 Cd 的容错率从 0.13% 增加到 0.38%，Fe 和 Mn 离子通道对 Cd 的容错率分别从 0.74%～1.15% 增加到 2.23%～2.42%（图 7.10a）。

穗颈中 Ca、Fe、Mn 通道对 Cd 的容错率明显低于稻米，并与穗颈中的 Cd 含量呈显著正相关。当穗颈中的 Cd 含量从 0.56 mg/kg 增加到 1.55 mg/kg 时，Ca 通道对 Cd 的容错率从 0.02% 增加到 0.07%，Fe 和 Mn 离子通道对 Cd 的容错率分别从 0.08%～0.10% 增加到 0.16%～0.50%（图 7.10b）。穗下节是 Cd 离子高度富集的器官，其中的 Ca、Fe、Mn 通道对 Cd 的容错率明显高于穗颈，但低于稻米，穗下节的 Cd 含量与离子通道的容错率也呈显著正相关。当穗下节 Cd 含量从 3.20 mg/kg 增加到 12.00 mg/kg 时，Ca 通道对 Cd 的容错率从 0.06% 增加到 0.30%，Mn 通道对 Cd 的容错率从 0.18% 增加到 0.40%，Fe 通道对 Cd 的容错率从 0.22% 增加到 0.82%（图 7.10c）。

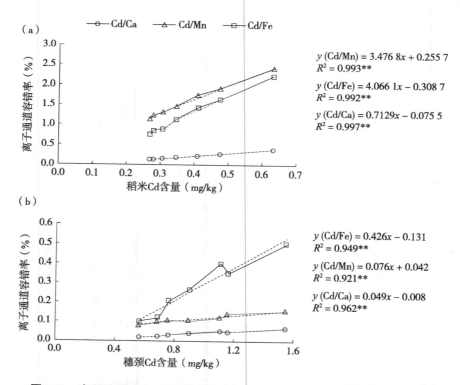

图 7.10　离子通道对 Cd 的容错率与稻米（a）、穗颈（b）和穗下节（c）中

Cd 含量之间的相关性

（** 表示相关系数达显著水平，$P<0.01$）

（c）

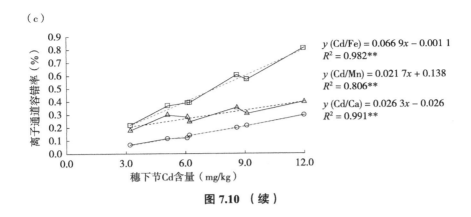

$y(Cd/Fe) = 0.066\ 9x - 0.001\ 1$
$R^2 = 0.982**$

$y(Cd/Mn) = 0.021\ 7x + 0.138$
$R^2 = 0.806**$

$y(Cd/Ca) = 0.026\ 3x - 0.026$
$R^2 = 0.991**$

图 7.10　（续）

7.3.5　喷施氨基酸对稻米氨基酸含量的影响

水稻开花期叶面喷施氨基酸后，促进了稻米中的部分氨基酸的合成，使成熟期稻米中的必需氨基酸和非必需氨基酸含量有不同程度的增加。喷施 Ser 和 Met 后，稻米中的必需氨基酸含量分别增加 7.5% 和 10.5%、非必需氨基酸分别增加 13.9% 和 5.5%。在必需氨基酸中，Leu 和 Cys 对叶面喷施氨基酸最为敏感，喷施 6 种氨基酸显著增加了稻米中 Leu 和 Cys 的含量。此外，喷施 Ser 显著增加了稻米 Phe 含量，喷施 Phe 和 Ile 显著增加了稻米含量 Tyr 含量（图 7.11a）。在非必需氨基酸中，Glu 对叶面喷施氨基酸最为敏感，喷施 6 种氨基酸使稻米中的 Glu 含量增加 7.1%～16.1%。此外，喷施 Ser 显著增加了稻米 Arg 和 Ser 含量，喷施 Tnp 显著增加了稻米 Gly 含量（图 7.11b）。

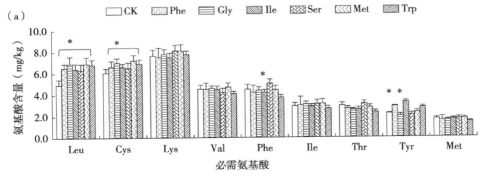

图 7.11　叶面喷施 6 种氨基酸对稻米中必需氨基酸（a）和非必需氨基酸（b）含量的影响

（* 表示处理和对照之间的差异达显著水平，$P < 0.05$）

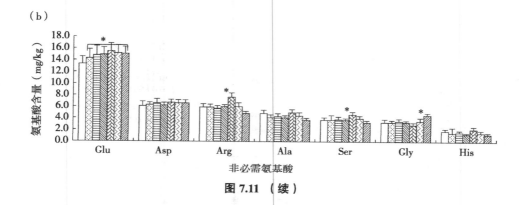

图 7.11 （续）

7.3.6 稻米 Cd 含量与必需营养元素和氨基酸含量相关性

稻米中的 Cd 含量与 Ca 和 Fe 含量呈显著负相关，而与 Mn 含量呈极显著正相关，与 Zn 含量的正相关未达显著水平。稻米 Cd 含量与 Cd：Ca、Cd：Fe 和 Cd：Mn 值全部呈极显著正相关（表 7.3）。稻米中的 Cd 含量与必需氨基酸和非必需氨基酸的总量呈负相关趋势，但未达显著水平。当稻米 Cd 含量低于 0.30 mg/kg 时，多数氨基酸的含量几乎不受 Cd 含量的影响；但当稻米 Cd 含量超过 0.31 mg/kg 时，必需氨基酸和非必需氨基酸的总量随着 Cd 含量增加而下降的趋势更加明显。例如，当 Cd 含量从 0.31 mg/kg 增加到 0.63 mg/kg 时，稻米中的必需氨基酸和非必需氨基酸分别下降 6.9% 和 13.9%。

在 16 种常见的稻米氨基酸中，有 Glu、Leu、Asp 等 3 种氨基酸与稻米 Cd 含量关系密切。其中 Glu 含量与稻米 Cd 含量呈极显著负相关。Glu 含量在喷施氨基酸处理间的变幅为 14.3～15.5 mg/kg，明显高于 CK（13.4 mg/kg）。Leu 含量在喷施氨基酸处理间的变幅为 6.5～6.9 mg/kg，而对照处理中的稻米 Leu 含量只有 4.9 mg/kg。Leu 含量与稻米 Cd 含量呈显著负相关。Asp 含量在喷施氨基酸处理间的变幅为 6.3～6.7 mg/kg，对照处理中的稻米 Leu 含量为 6.1 mg/kg。Asp 与稻米 Cd 含量的负相关达到 5% 的显著水平。

表 7.3 稻米 Cd 含量与必需元素和氨基酸含量的线性相关系数

项目	Cd	Ca	Mn	Fe	Zn	Cd：Ca	Cd：Mn	Cd：Fe	Glu	Leu	Cys
Ca	-0.971**										
Mn	0.929**	-0.878**									

（续表）

项目	Cd	Ca	Mn	Fe	Zn	Cd∶Ca	Cd∶Mn	Cd∶Fe	Glu	Leu	Cys
Fe	−0.794*	0.836*	−0.554								
Zn	0.607	−0.608	0.674	−0.339							
Cd∶Ca	0.998**	−0.971**	0.933**	−0.776*	0.587						
Cd∶Mn	0.996**	−0.977**	0.897**	−0.836*	0.603	0.992**					
Cd∶Fe	0.996**	−0.979**	0.897**	−0.844*	0.576	0.993**	0.999**				
Glu	−0.953**	0.938**	−0.934**	0.719	−0.459	−0.964**	−0.935**	−0.948**			
Leu	−0.806*	0.665	−0.872*	0.388	−0.537	−0.813*	−0.766*	−0.762*	0.786*		
Cys	−0.740	0.611	−0.857*	0.318	−0.771*	−0.732	−0.702	−0.688	0.665	0.923*	
Asp	−0.755*	0.715	−0.795*	0.649	−0.432	−0.749	−0.734	−0.754*	0.819*	0.707	0.684

注：* 和 ** 分别表示相关系数达差异显著（$P < 0.05$）和差异极显著（$P < 0.01$）水平。

7.3.7　讨论与结论

7.3.7.1　叶面喷施氨基酸对水稻 Cd 转运特性的影响

为了缓解 Cd 的生理毒害，水稻营养器官将 85% 以上的 Cd 转化成难溶态，储存在营养器官中（Xue et al.，2022；Jiang et al.，2020）。水稻开花以后，营养器官中储存的部分 Cd 离子和 Ca、Fe、Mn、Zn 等营养元素一起向穗轴和稻米中转运，经过穗轴、颖壳、种皮等组织中细胞膜的识别和筛选，只有少数 Cd 进入到胚、糊粉层和淀粉粒中（Yuan et al.，2020）。位于水稻茎秆上最上部的穗下节虽然体积很小，但它是 Cd 从旗叶和下部茎叶向穗颈和籽粒转运的必经之路，发挥着调控离子转运速率的关键作用。如果敲除穗下节中的低亲和性阳离子转运基因（*OsLCT1*），或者是提高穗下节对 Cd 的拦截效率，能显著降低稻米中的 Cd 含量（张昕 等，2022）。本试验发现，叶面喷施氨基酸后，穗下节、穗颈和稻米中的 Cd 含量显著下降，其中喷施 Ser、Trp 和 Met 使稻米和穗下节中的 Cd 含量同时下降 50% 以上。但是，喷施氨基酸对 Cd 在水稻器官间 TF$_{稻米/穗颈}$、TF$_{穗颈/穗下节}$ 没有显著影响。推测，外源氨基酸提高了穗下节和穗颈对 Cd 的识别和拦截作用，抑制了 Cd 从旗叶和下部茎叶向穗下节和穗颈的转运，通过降低穗茎中的 Cd 浓度减少了进入稻米中的 Cd 离子数量。

7.3.7.2 叶面喷施氨基酸对离子通道选择透性的影响

为了及时迅速地进行信息、物质与能量的交换，细胞膜上形成了许多可以选择性地吸收和排泄必需营养元素和有害元素的转运通道。其中对多种阳离子选择性较低的 NSCCs 在维持细胞正常代谢功能方面发挥着非常重要的作用（Liao et al.，2022；Han et al.，2019）。谷氨酸受体（GLR）通道是植物、动物和微生物细胞膜上广泛存在的一种 NSCCs，在离子转运、渗透调节等过程中发挥重要作用。而且与水稻细胞选择性吸收 Cd 和 Ca、Mn、Fe、Zn 的能力有密切关系（Zhang et al.，2024）。GLR 通道的配体结合域对小分子物质特别敏感，Glu、Cys、Gly 等激活剂能够改变跨膜结构域的纳米孔径，调控金属阳离子穿越通道的流速（Liao et al.，2022）。本试验发现，叶面喷施氨基酸以后，稻米、穗颈和穗下节中的 Ca 和 Fe 含量显著增加，Cd∶Ca、Cd∶Mn、Cd∶Fe 的比率显著下降，同时稻米中的 Glu 和 Cys 含量显著增加。上述说明外源氨基酸通过提高离子通道激活剂 Glu 和 Cys 的水平，促进了 GLR 通道对 Ca 和 Fe 的优先转运，降低了 Cd 的跨膜转运速率和离子通道对 Cd 的容错率，致使稻米、穗颈和穗下节中的 Cd 含量显著下降。

7.3.7.3 叶面喷施氨基酸对稻米氨基酸含量的影响

氨基酸是构建细胞和调节新陈代谢的重要大分子之一。高等植物受到 Cd 胁迫时，一些氨基酸及其衍生物可以通过螯合作用、调节抗氧化代谢以及增厚细胞壁等方法缓解 Cd 对植物细胞的伤害（Walker et al.，2021）。Glu 是水稻体内最为丰富的氨基酸，也是与 Cd 进行螯合作用的主要氨基酸。Cd 污染使根系、茎叶和稻米中的 Glu 含量显著下降，降低稻米的营养品质（Yuan et al.，2020）。叶面喷施是提高植物体内氨基酸含量的一种有效技术，能够显著提高作物的产量水平和蛋白质含量、改善风味品质（Ashouri et al.，2023），喷施有机酸可以显著提高稻米中 Asp、Glu、Phe 和 Leu 的含量（刘双月 等，2023）。本试验发现，水稻开花期叶面喷施氨基酸显著提高了稻米中 Glu、Leu 和 Cys 含量，其中喷施 Ser 和 Met 使稻米中的必需氨基酸含量分别增加 7.45% 和 10.48%、非必需氨基酸分别增加 13.94% 和 5.46%，这 2 种氨基酸的降 Cd 幅度也显著高于 Phe、Gly 和 Ile。这说明，叶面喷施 Ser 和 Met 具有提高稻米氨基酸含量和降低稻米 Cd 含量的双重作用，具有更大的应用潜力。

7.3.7.4　结论

（1）水稻开花期叶面喷施 Phe、Gly、Ile、Ser、Met 和 Trp，能使稻米、穗颈、穗下节中的 Cd 含量显著下降，其中 Ser、Trp 和 Met 的降 Cd 幅度高达 51.1%～57.3%，对稻米 Cd 积累量的抑制效应明显大于 Phe、Gly 和 Ile。

（2）叶面喷施氨基酸后，水稻各器官中 Ca 和 Fe 的含量显著上升，Mn 的含量显著下降，对 Zn 含量无显著影响。喷施 Ser、Met 和 Trp 显著降低了稻米、穗颈和穗下节中 Cd 与 Ca、Fe、Mn 的比率；稻米 Cd 含量与 Cd：Ca、Cd：Fe、Cd：Mn 值呈极显著正相关。

（3）喷施 6 种氨基酸显著提高了稻米中 Glu、Leu 和 Cys 含量，其中喷施 Ser 和 Met 使稻米中的必需氨基酸含量分别增加 7.5% 和 10.5%、非必需氨基酸分别增加 13.9% 和 5.5%。稻米 Cd 含量与 Glu 和 Ca 含量呈极显著负相关。

参 考 文 献

方治国, 谢俊婷, 杨青, 等, 2022. 低分子有机酸强化植物修复重金属污染土壤的作用与机制[J]. 环境科学, 43(10): 4669-4678.

韩潇潇, 任兴华, 王培培, 等, 2019. 叶面喷施锌离子对水稻各器官 Cd 积累特性的影响[J]. 农业环境科学学报, 38(8): 1809-1817.

黄永春, 张长波, 任兴华, 等, 2020. 土壤和茎基部 Cd 含量对稻米 Cd 污染风险的影响[J]. 农业环境科学学报, 39(5): 989-999.

李秀峰, 张欣欣, 柳参奎, 等, 2012. 水稻苹果酸酶基因在逆境下的表达特性研究 [J]. 基因组学与应学, 31(4): 327-332.

刘胜浩, 刘晨临, 黄晓航, 等, 2006. 植物细胞的非选择性阳离子通道 [J]. 植物生理学通讯, 42(3): 523-528.

刘双月, 付琳, 张长波, 等, 2023. 叶面喷施氯化氨基乙酸对水稻镉转运特性的影响 [J]. 农业环境科学学报, 42(3): 500-510.

刘仲齐, 张长波, 2017. 重金属调控非选择性阳离子通道生理功能的研究进展 [J]. 农业资源与环境学报, 34(1): 1-5.

刘仲齐, 张长波, 黄永春, 2019. 水稻各器官 Cd 阻控功能的研究进展 [J]. 农业环境科学学报, 38(4): 721-727.

王莹, 史振声, 王志斌, 等, 2008. 植物对氨基酸的吸收利用及氨基酸在农业中的应用

[J]. 中国土壤与肥料(1): 6-11.

文志琦, 赵艳玲, 崔冠男, 等, 2015. 水稻营养器官 Cd 积累特性对稻米 Cd 含量的影响 [J]. 植物生理学报, 51(8): 1280-1286.

吴清平, 周小燕, 1990. L-苹果酸研究进展 [J]. 微生物学通报, 17(1): 30-33.

尹洁, 赵艳玲, 高子平, 等, 2016. 锌对粳稻幼苗镉吸收转运特性的影响 [J]. 农业环境科学学报, 35(5): 834-841.

张参俊, 张长波, 王景安, 等, 2015. 非选择性阳离子通道对水稻幼苗 Cd 吸收转运特性的影响 [J]. 农业环境科学学报, 34(6): 1028-1033.

张烁, 陆仲烟, 唐琦, 等, 2018. 水稻叶面调理剂的降 Cd 效果及其对营养元素转运的影响 [J]. 农业环境科学学报, 37(11): 2507-2513.

张昕, 张长波, 黄永春, 等, 2022. 水稻营养器官镉积累特性对稻米镉含量的影响 [J]. 农业环境科学学报, 41(4): 707-715.

张雅荟, 王常荣, 刘月敏, 等, 2021. 叶施 L-半胱氨酸对水稻镉和矿质元素含量的影响 [J]. 环境科学, 42(8): 4045-4052.

ASHOURI R, FALLAH H, NIKNEZHAD Y, et al., 2023. Grain quality and yield response of rice to application of plant growth-promoting bacteria and amino acids[J].Journal of plant nutrition, 46(20): 4698-4709.

BASHIR A, RIZWAN M, ALI S, et al., 2018. Effect of foliar-applied iron complexed with lysine on growth and cadmium (Cd) uptake in rice under Cd stress[J]. Environmental science and pollution research international, 25(21): 20691-20699.

CHEN R, ZHANG C B, LIU Z Q, et al., 2018. Foliar application with nano-silicon reduced cadmium accumulation in grains by inhibiting cadmium translocation in rice plants[J]. Environmental science and pollution research, 25(3): 2361-2368.

CUIN T A, SHABALA S, 2007. Amino acids regulate salinity-induced potassium efflux in barley root epidermis[J]. Planta, 225(3): 753-761.

FINKEMEIER I, KONIG A C, HEARD W, et al., 2013. Transcriptomic analysis of the role of carboxylic acids in metabolite signaling in Arabidopsis leaves[J]. Plant physiology journal, 162(1): 239-253.

HAN X, ZHANG C, WANG C, et al., 2019. Gadolinium inhibits cadmium transport by blocking non-selective cation channels in rice seedlings[J]. Ecotoxicology and environment safety, 179: 160-166

HAN Y, HUANG S, YUAN H, et al., 2013. Organic acids on the growth, anatomical structure, biochemical parameters and heavy metal accumulation of *Iris lactea* var.

chinensis seedling growing in Pb mine tailings[J]. Ecotoxicology, 22(6): 1033-1042.

JIANG M, JIANG J, LI S, et al., 2020. Glutamate alleviates cadmium toxicity in rice via suppressing cadmium uptake and translocation[J]. Journal of hazardous material, 384: 121319.

LAMPUGNANI E R, FLORES-SANDOVAL E, TAN Q W, et al., 2019. Cellulose synthesis-central components and their evolutionary relationships[J]. Trends in plant scienc, 24: 402-412.

LI Y, YU X, MO L, et al., 2019. Involvement of glutamate receptors in regulating calcium influx in rice seedlings under Cr exposure[J]. Ecotoxicology, 28: 650-657.

LIAO A, YHC A, MHHA B, 2022. Glutamate: a multifunctional amino acid in plants[J]. Plant science, 318: 111238.

MAHMOUD S S, HOSSIENI C M, TAJADDODT T K, et al., 2023. Rice growth improvement, bio-fortification, and mitigation of macronutrient requirements through foliar application of zinc and iron-glycine chelate and zinc sulfate[J].Journal of plant nutrition, 46(8): 1777-1786.

MIRTALEB S H, NIKNEJAD Y, FALLAHH, 2021. Foliar spray of amino acids and potassic fertilizer improves the nutritional quality of rice[J]. Journal of plant nutrition, 44(14): 2029-2041.

MNASRI M, GHABRICHE R, FOURATI E, et al., 2015. Cd and Ni transport and accumulation in the halophyte *Sesuvium portulacastrum*: implication of organic acids in these processes[J]. Frontiers in plant science, 6: 156-160.

SEBASTIAN A, PRASAD M, 2018. Exogenous citrate and malate alleviate cadmium stress in oryza sativa l: probing role of cadmium localization and iron nutrition[J]. Ecotoxicology and environmental safety, 166: 215-222.

TAO P, GUO W P, LI B Y, et al., 2016. Genome-wide identification, classification, and analysis of NADP-ME family members from 12 crucifer species[J]. Molecular genetics and genomics, 291(3): 1167-1180.

WALKER R P, CHEN Z H, FAMIANI F, 2021. Gluconeogenesis in plants: a key interface between organic acid/amino acid/lipid and sugar metabolism[J]. Molecules, 26: 5129.

WALKER R P, PAOLO B, ALBERTO B, et al., 2018. Gluconeogenesis and nitrogen metabolism in maize[J]. Plant physiology and biochemistry, 130: 324-333.

WANG S T, DONG Q, WANG Z L, 2017. Differential effects of citric acid on cadmium uptake and accumulation between tall fescue and Kentucky bluegrass[J]. Ecotoxicology and environmental safety, 145: 200-206.

WANG S, WANG F, GAO S, et al., 2016. Heavy metal accumulation in different rice cultivars as influenced by foliar application of nano-silicon[J]. Water air and soil pollution, 227(7): 1-13.

WANG Z W, ZHANG S Z, SHAN X Q, 2004. Effects of low-molecular-weight organic acids on uptake of lanthanum by wheat roots[J]. Plant and soil, 261(1-2): 163-170.

WUANA R A, OKIEIMEN F E, IMBORVUNGU J A, 2010. Removal of heavy metals from a contaminated soil using organic chelating acids[J]. International journal of environmental science & technology, 7(3): 485-496.

XUE W J, ZHANG C B, HUANG Y C, et al., 2022. Rice organs concentrate cadmium by chelation of amino acids containing dicarboxyl groups and enhance risks to human and environmental health in Cd-contaminated areas[J]. Journal of hazardous material, 426: 128130.

YANG X R, WANG C R, HUANG Y C, et al., 2021. Foliar application of the sulfhydryl compound 2, 3-dimercaptosuccinic acid inhibits cadmium, lead, and arsenic accumulation in rice grains by promoting heavy metal immobilization in flag leaves[J]. Environmental polluttion, 285: 117355.

YUAN K, WANG C R, ZHANG C B, et al., 2020. Rice grains alleviate cadmium toxicity by expending glutamate and increasing manganese in the cadmium contaminated farmland[J]. Environmental pollution, 262: 114236.

ZHANG X, XUE W J, QI L, et al., 2024. Malic acid inhibits accumulation of cadmium, lead, nickel and chromium by down-regulation of OsCESA and up-regulation of OsGLR3 in rice plant[J]. Environmental pollution, 341: 122934.

ZHAO Y, LUO L, XU J, 2018. Malate transported from chloroplast to mitochondrion triggers production of ROS and PCD in *Arabidopsis thaliana*[J]. Circulation research, 28(4): 448-461.

ZHAO Y, YU H, ZHOU J M, et al., 2020. Malate circulation: linking chloroplast metabolism to mitochondrial ROS[J]. Trends in plant science, 25: 446-454.

ZHOU Y, XIA X M, LINGLE C J, 2015. Cadmium-cysteine coordination in the BK inner pore region and its structural and functional implications[J]. Proceedings of the national academy of sciences, 112(16): 5237-5242.

第8章

喷施 Zn 离子对水稻各器官 Cd
积累特性的影响

叶面喷施微量元素不仅能够促进水稻籽粒微量元素的积累，还能降低各部分的 Cd 含量（贺前锋 等，2016；宋安军 等，2015）。Zn 作为植物生长所必需的微量元素，在植物的生长发育过程中不仅能促进作物的生长发育，还参与了碳水化合物的代谢、蛋白代谢以及调节叶绿素的合成等过程（Ishimaru et al.，2011）。Cd^{2+} 与 Zn^{2+} 作为二价阳离子，化学性质比较相似，其在植物体内的吸收和积累存在一定的相互作用（尹洁 等，2016）。有研究表明，对水稻叶面喷施硫酸锌能够提高水稻叶面的光合作用、缓解 Cd 对植物的生理毒害（辜娇峰 等，2016），甚至降低籽粒对 Cd 的积累（史静 等，2013）；喷施 Zn 还能提高籽粒中的 Zn 含量，改善人体缺 Zn 的状况（付力成 等，2010）。本研究以 Cd 污染农田中种植的早稻和晚稻为材料，通过在水稻开花期叶面喷施不同浓度的硫酸锌，对其降 Cd 效果及其在早稻和晚稻间的差异进行了比较，以期为降 Cd 富 Zn 叶面肥的研发提供参考。

8.1　材料与方法

8.1.1　供试材料

在湖南省湘潭市重金属污染农田（28°42′N，112°51′E），分别以早稻品种中早 35 和晚稻品种华占为试验材料进行叶面喷施试验。供试土壤为红壤性水稻土，表层土壤（0～20 cm）的基本理化性质：pH 值 5.5，有机质含量 13.84 g/kg，CEC 为 9.78 cmol/kg，土壤 Cd 含量为 0.69 mg/kg。早稻和晚稻分别在 3 月和 7 月进行播种，6 月中旬和 9 月中旬分别进入抽穗开花期。当地田间施肥方法依照水稻的测土配方施肥技术，其中每亩施用的氮、磷、钾肥总量分别：尿素 27 kg、普钙 40 kg、氯化钾 15 kg，整个生育期各处理无明显病虫害发生，采用化学除草剂去除杂草。

8.1.2　试验设计与处理

试验采用顺序排列，每个小区面积为 10.0 m²（4 m × 2.5 m）。设置试验为 1 个对照组（CK）和 2 个处理组，处理 1 组喷施 5 mmol/L $ZnSO_4$（Zn_5），处理 2 组喷施 10 mmol/L ZnSO₄（Zn₁₀），每组设置 3 次重复。水稻开花期后，分别将配制好的 5 mmol/L 和 10 mmol/L 的硫酸锌溶液放置到容积为 1 L 的手持式喷壶中，调整喷壶使其喷出雾状水雾，进而将硫酸锌均匀地喷施在水稻叶面上，对照组喷施 1 L 自来水（CK）。待水稻成熟后，采集不带根系的水稻植株。水稻自然晾干后，将水稻植株分为籽粒、穗轴、旗叶、穗下节间、穗下节、倒二节、倒二节间、倒二叶共 8 部分，然后用去离子水洗净样品，放入烘箱在 70℃的条件下烘干。

8.1.3　测定方法

Cd 和矿质元素的含量测定见 2.1.2.1。

8.2　硫酸锌对水稻各器官 Cd 含量的影响

Cd 含量在早稻和晚稻之间以及水稻各器官间存在明显的差异，晚稻各部分的 Cd 含量明显高于早稻，穗轴中的 Cd 含量明显高于籽粒中的 Cd 含量。晚稻不同处理间穗轴和籽粒中的 Cd 含量分别为 2.34～3.39 mg/kg、0.58～0.81 mg/kg，早稻不同处理间穗轴和籽粒中的 Cd 含量分别为 0.53～1.13 mg/kg、0.41～0.60 mg/kg（图 8.1a）；穗下节和倒二节中富含大量的 Cd，晚稻穗下节和倒二节中的 Cd 含量分别为 22.40～40.32 mg/kg、13.42～21.64 mg/kg，早稻穗下节和倒二节中的 Cd 含量分别为 8.36～10.53 mg/kg、4.40～6.42 mg/kg（图 8.1b）。晚稻和早稻各处理穗下节中的 Cd 含量是旗叶和穗下节间中 Cd 含量的 10 倍左右，倒二节中的 Cd 含量是倒二节间中 Cd 含量的 3 倍左右（图 8.1c、图 8.1d）。

开花期叶面喷施 5 mmol/L 和 10 mmol/L 的硫酸锌，使成熟期籽粒、穗轴、旗叶、穗下节间、穗下节、倒二节间、倒二节中的 Cd 含量显著下降，且随着 Zn 浓度的增加其降 Cd 效果更为明显。与对照相比，喷施 5 mmol/L 和 10 mmol/L 的硫酸锌使晚稻籽粒 Cd 含量分别下降 16.9% 和 28.5%，穗轴 Cd 含量分别下降 22.3% 和 31.1%，穗下节 Cd 含量分别下降 29.0% 和 44.4%；使早稻籽粒 Cd 含量分别下降 7.8% 和 32.0%，穗轴中的 Cd 含量分别下降 40.3% 和 52.8%，穗下节 Cd 含量分别下降 4.9% 和 20.7%。此外，与对照相比，喷施 5 mmol/L 和 10 mmol/L 的硫酸锌明显抑制了早稻穗下节中 Cd 向穗下节间的转运，喷施 10 mmol/L 的硫酸锌抑制了晚稻穗轴中的 Cd 向籽粒的转运，以及抑制剂了早稻旗叶中的 Cd 向穗轴的转运。

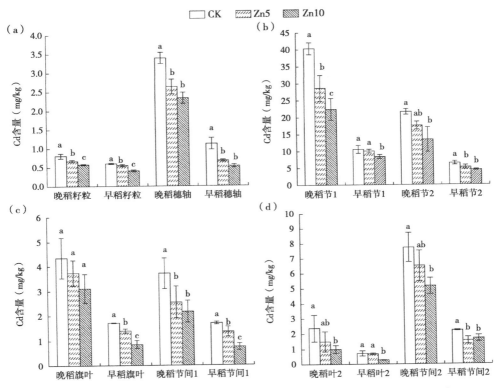

图 8.1　硫酸锌浓度（Zn5 和 Zn10）对晚稻和早稻不同器官中 Cd 含量的影响

（节 1 和节 2 分别代表穗下节和倒二节；节间 1 和节间 2 分别代表穗下节间和倒二节间；
叶 2 代表倒二叶。不同小写字母表示处理间差异达到 5% 显著水平）

8.3　水稻不同器官 Cd 含量的相关性分析

由表 8.1 可以看出，湘潭晚稻籽粒 Cd 含量和穗轴 Cd 含量、穗下节间 Cd 含量、倒二节间 Cd 含量呈极显著正相关（$P < 0.01$）；穗轴和穗下节间、穗下节 Cd 含量呈显著正相关（$P < 0.05$）；穗下节间和穗下节、倒二节间 Cd 含量呈极显著正相关（$P < 0.01$）；穗下节和倒二节间倒二节呈极显著正相关（$P < 0.01$），倒二节间和倒二节呈极显著正相关（$P < 0.01$），其他器官之间其 Cd 含量并没有表现

出明显的相关性。

早稻籽粒 Cd 含量和穗轴、旗叶、穗下节间、穗下节、倒二叶、倒二节都呈极显著正相关（$P<0.01$）；穗轴 Cd 含量与旗叶和穗下节间 Cd 含量呈极显著正相关（$P<0.01$）；旗叶和穗下节间、倒二叶、倒二节呈显著正相关（$P<0.01$）；穗下节间 Cd 含量和穗下节、倒二叶、倒二节 Cd 含量呈显著正相关（$P<0.01$）；此外，除穗轴外，其余各部分 Cd 含量与倒二节间中 Cd 含量并没有表现出明显的相关性，这表明籽粒对 Cd 的吸收积累与穗轴以及穗下节间和穗下节关系密切。

表 8.1　晚稻和早稻不同器官中 Cd 含量的线性相关系数

器官	穗轴	旗叶	穗下节间	穗下节	倒二叶	倒二节间	倒二节
晚稻籽粒	0.904**	0.557	0.856**	0.761*	0.333	0.899**	0.614
早稻籽粒	0.813**	0.912**	0.982**	0.803**	0.932**	0.551	0.863**
晚稻穗轴		0.218	0.758*	0.716*	0.533	0.781*	0.543
早稻穗轴		0.843**	0.809**	0.688*	0.738*	0.771*	0.789*
晚稻旗叶			0.442	0.356	−0.078	0.541	0.386
早稻旗叶			0.900**	0.685*	0.816**	0.492	0.826**
晚稻穗下节间				0.896**	0.266	0.874**	0.785**
早稻穗下节间				0.798**	0.856**	0.650	0.940**
晚稻穗下节					0.330	0.848**	0.921**
早稻穗下节					0.694*	0.490	0.708*
晚稻倒二叶						0.025	0.034
早稻倒二叶						0.349	0.659
晚稻倒二节间							0.832**
早稻倒二节间							0.796*

注：** 表示在 0.01 水平上差异显著；* 表示在 0.05 水平上差异显著。

8.4　Zn 离子对水稻籽粒和穗轴其他必需元素含量的影响

K 是水稻各部位中含量最丰富的离子，晚稻穗轴中的 K 含量在 20.56～25.37 g/kg，籽粒中 K 含量在 2.68～2.98 g/kg，其穗轴 K 含量明显高于籽粒，这说明只有一小部分 K 转移到了籽粒中，叶面喷施硫酸锌使籽粒和穗轴中的 K 含量略有降低。Mg 是稻米中第二大丰富的元素，叶面喷施硫酸锌使晚稻穗轴中的 Mg 含量略有增加，但对早稻和晚稻籽粒中的 Mg 含量无显著影响。籽粒和穗轴中的 Ca 和 Mn 元素含量都随着 Zn 的喷施而降低，喷施 10 mmol/L 的 Zn 能显著降低稻米中的 Ca 和 Mn 含量。喷施硫酸锌增加了籽粒和穗轴中的 Fe 元素含量，并显著提升了籽粒中的 Zn 含量，喷施 5 mmol/L 和 10 mmol/L 的 Zn 肥使晚稻籽粒中的 Zn 含量分别增加 13.8% 和 44.5%（表 8.2）。

对于早稻而言，籽粒中的 K 含量高于晚稻籽粒，而穗轴中 K 元素含量明显低于晚稻穗轴中的 K 含量，其他元素早稻和晚稻差距不大。喷施 5 mmol/L 的硫酸锌使籽粒和穗轴中的 Mg、Ca、Mn、Fe 略有下降，但是籽粒 Mg、Mn、Fe 差异未达到显著水平，穗轴的 Ca 和 Fe 未达到显著水平。喷施 10 mmol/L 的硫酸锌使籽粒 K、Ca 和 Mn 的含量显著下降。喷施 5～10 mmol/L 的 Zn 肥使早稻籽粒中的 Zn 含量分别增加 38.8%、47.6%，穗轴中的 Zn 含量分别增加 26.9% 和 1.05 倍。

表 8.2　硫酸锌对晚稻和早稻籽粒及穗轴 K、Mg、Ca、Mn、Fe、Zn 含量的影响

		K（g/kg）	Mg（g/kg）	Ca（g/kg）	Mn（mg/kg）	Fe（mg/kg）	Zn（mg/kg）
晚稻籽粒	CK	2.98 ± 0.11a	0.95 ± 0.04a	0.28 ± 0.01a	123 ± 10.00a	7.0 ± 1.00a	28.3 ± 1.25c
	Zn5	2.82 ± 0.15ab	0.93 ± 0.02a	0.26 ± 0.02ab	112 ± 5.03ab	8.3 ± 0.58a	32.2 ± 1.65b
	Zn10	2.68 ± 0.04b	0.88 ± 0.05a	0.25 ± 0.01b	109 ± 4.93b	8.0 ± 1.00a	40.9 ± 1.15a
晚稻穗轴	CK	25.37 ± 0.45a	1.11 ± 0.03a	1.54 ± 0.11a	636 ± 80.47a	92.0 ± 2.00b	340.2 ± 15.1a
	Zn5	20.56 ± 1.53b	1.27 ± 0.12a	1.31 ± 0.08b	550 ± 17.69ab	117.3 ± 3.21a	290.8 ± 3.5b
	Zn10	21.56 ± 1.81b	1.17 ± 0.08a	1.41 ± 0.05ab	486 ± 19.35b	98.0 ± 11.53b	210.3 ± 6.6c
早稻籽粒	CK	5.23 ± 0.02ab	1.31 ± 0.05a	0.42 ± 0.01a	109 ± 2.28a	13.3 ± 4.16a	29.4 ± 0.15b
	Zn5	5.45 ± 0.05a	1.21 ± 0.04a	0.36 ± 0.02b	107 ± 5.00a	8.6 ± 0.23a	40.8 ± 2.00ab
	Zn10	5.18 ± 0.19b	1.24 ± 0.08a	0.36 ± 0.02b	84.8 ± 1.17b	9.0 ± 1.07a	43.4 ± 1.26a
早稻穗轴	CK	7.56 ± 0.04a	0.91 ± 0.06a	0.82 ± 0.06a	291 ± 1.01a	85.2 ± 0.01a	106.5 ± 4.62c
	Zn5	6.61 ± 0.09b	0.83 ± 0.01b	0.83 ± 0.01a	234 ± 9.71b	84.4 ± 2.97a	135.2 ± 2.62b
	Zn10	5.08 ± 0.47c	0.94 ± 0.06a	0.75 ± 0.05b	229 ± 14.28b	89.4 ± 8.37a	218.7 ± 18.63a

注：同列不同小写字母表示处理间差异达到 5% 显著水平。

Mn、Zn 2 种元素在水稻各器官中呈现出不同的分布特征，喷施 Zn 肥影响了其在水稻体内的分布。在晚稻 Cd 污染农田中，Mn、Zn 两种元素都表现为穗下节和倒二节中含量最高，与 CK 相比，叶面喷施 Zn 肥使各部分的 Mn 含量呈

现降低的趋势（表 8.3），同时各部分 Cd 和 Mn 表现为正相关。Zn 在籽粒、旗叶、穗下节、倒二叶、倒二节中的含量都随着 Zn 含量的增加呈增加的趋势。K 元素表现为穗下节间和倒二节间含量最高，为 50～72 g/kg（图 8.2a），其余各器官中 K 元素在不同处理间差异不显著。Ca 和 Fe 元素都是在旗叶和倒二叶中的含量比较高（图 8.2b，图 8.2d），但是各器官中 Ca、Fe 和 Mg 元素含量没有随着处理的变化产生明显的差异性。

表 8.3   硫酸锌对晚稻各器官 Mn 和 Zn 分布的影响

器官	晚稻 Mn（g/kg）			晚稻 Zn（g/kg）		
	CK	Zn5	Zn10	CK	Zn5	Zn10
籽粒	0.12 ± 0.01a	0.11 ± 0.01a	0.11 ± 0.01a	28.26 ± 1.25c	32.16 ± 1.65b	40.86 ± 1.15a
穗轴	0.64 ± 0.08a	0.55 ± 0.02ab	0.49 ± 0.02b	3.37 ± 0.15a	2.90 ± 0.30b	2.13 ± 0.06c
旗叶	0.28 ± 0.10a	0.34 ± 0.09a	0.30 ± 0.01a	169.53 ± 26.95b	257.60 ± 10.00a	275.27 ± 19.45a
穗下节间	0.42 ± 0.03a	0.37 ± 0.04a	0.35 ± 0.04a	96.50 ± 0.50a	103.60 ± 13.88a	94.50 ± 0.50a
穗下节	1.29 ± 0.08a	1.20 ± 0.20a	1.05 ± 0.13a	751.10 ± 22.90a	787.67 ± 35.55a	819.60 ± 53.60a
倒二叶	0.17 ± 0.02a	0.22 ± 0.03a	0.21 ± 0.07a	139.30 ± 5.90b	171.57 ± 7.75ab	181.50 ± 30.90a
倒二节间	0.67 ± 0.09a	0.54 ± 0.02b	0.47 ± 0.03b	110.33 ± 5.55a	98.17 ± 18.34a	101.20 ± 1.00a
倒二节	1.53 ± 0.13a	1.39 ± 0.04a	1.11 ± 0.20b	731.63 ± 42.39a	709.93 ± 19.65a	764.30 ± 12.40a

注：同行不同小写字母表示不同处理间差异显著（$P < 0.05$）。

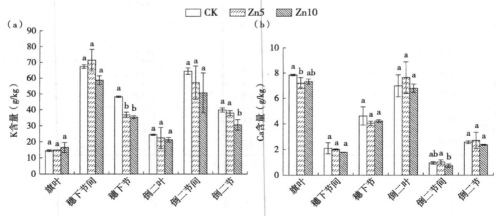

图 8.2   喷施硫酸锌（Zn5 和 Zn10）对晚稻各器官中 K、Ca、Mg 和 Fe 分布的影响

（不同小写字母表示处理间差异达到 5% 显著水平）

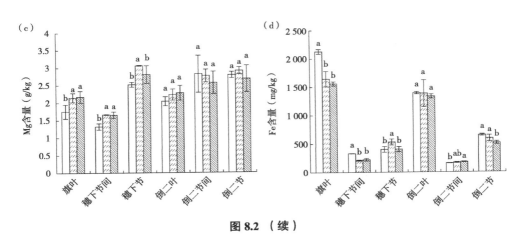

图 8.2　（续）

　　在早稻中，Mn 元素在倒二叶和倒二节中的含量比较高，其次是旗叶和穗下节中含量。Zn 元素同晚稻一致，表现为穗下节和倒二节中含量最高，在籽粒、穗轴、旗叶中的含量都随着 Zn 含量的增加呈增加的趋势（表 8.4）。K 元素同样表现为穗下节间和倒二节间中的含量最高，为 39～62 g/kg（图 8.3a），并且随着 Zn 浓度的增加呈现增加的趋势，其余各器官中 K 元素在不同处理间并没有表现出明显的差异性。Ca 元素与晚稻趋势一致，表现为旗叶和倒二叶中含量最高（图 8.3b），但是各器官中 Ca 和 Mg 元素含量没有随着处理的变化产生明显的差异性。

表 8.4　硫酸锌对早稻各器官 Mn 和 Zn 分布的影响

器官	早稻 Mn（g/kg）			早稻 Zn（g/kg）		
	CK	Zn5	Zn10	CK	Zn5	Zn10
籽粒	0.11 ± 0.01a	0.11 ± 0.01a	0.08 ± 0.01b	29.35 ± 0.15b	41.00 ± 2.00ab	43.39 ± 11.26a
穗轴	0.29 ± 0.01a	0.23 ± 0.09b	0.23 ± 0.01b	107.83 ± 4.62c	135.18 ± 2.62b	218.72 ± 18.63a
旗叶	1.29 ± 0.06a	1.12 ± 0.04b	1.18 ± 0.10ab	105.81 ± 8.59b	184.71 ± 6.43a	109.54 ± 3.25b
穗下节间	0.19 ± 0.01c	0.32 ± 0.01a	0.29 ± 0.02b	80.67 ± 6.51b	95.00 ± 1.00a	91.00 ± 1.00a
穗下节	1.23 ± 0.02b	1.65 ± 0.18a	1.19 ± 0.04b	425.33 ± 0.58a	473.67 ± 69.50a	444.00 ± 9.00a
倒二叶	1.50 ± 0.06a	1.50 ± 0.18a	1.34 ± 0.05a	59.70 ± 0.31c	124.32 ± 5.99a	97.48 ± 11.97b
倒二节间	0.43 ± 0.03c	0.50 ± 0.01b	0.71 ± 0.01a	73.59 ± 3.72a	95.74 ± 20.46a	74.48 ± 0.65a
倒二节	1.45 ± 0.05a	1.42 ± 0.16a	1.22 ± 0.01b	552.33 ± 19.50a	495.00 ± 51.00ab	435.33 ± 15.50b

注：同行不同小写字母表示不同处理间差异显著（$P < 0.05$）。

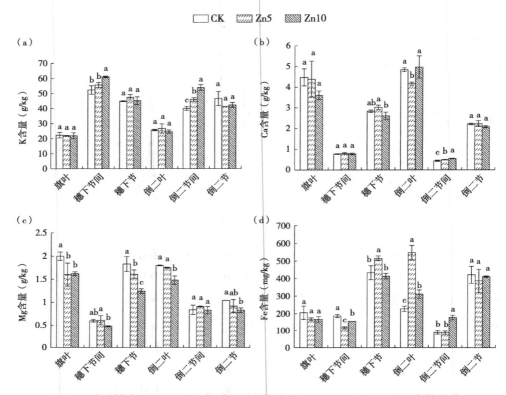

图 8.3 硫酸锌（Zn5 和 Zn10）对早稻各器官中 K、Ca、Mg 和 Fe 分布的影响

（不同小写字母表示处理间差异达到 5% 显著水平）

早稻和晚稻籽粒中的 Cd 元素与其他元素间的相关性不同（表 8.5）。晚稻籽粒中的 Fe 元素与籽粒中的 Cd 呈负相关；Zn 与 Cd 呈极显著负相关；K 和 Mg 与 Cd 呈显著正相关，Mn 与 Cd 呈正相关，但是相关性不显著。早稻籽粒中的 Mn 与 Cd 呈极显著正相关，籽粒中的 Zn 与 Cd 呈负相关，其他各元素与 Cd 的相关性不显著。

表 8.5　早稻和晚稻中 Cd 含量与其他元素含量的线性相关系数

作物	K	Ca	Mg	Fe	Mn	Zn
晚稻	0.881**	0.616	0.708*	−0.541	0.496	−0.833**
早稻	0.339	0.63	0.134	0.389	0.908**	−0.786*

注：** 表示在 0.01 水平上显著；* 表示在 0.05 水平上显著。

8.5　讨论与结论

水稻籽粒中的 Cd 含量通常与土壤中有效态 Cd 含量呈正相关，然而，降水量对土壤中有效态 Cd 含量有显著影响（Cao et al.，2014；Du et al.，2013）。本研究发现，晚稻各器官的 Cd 含量明显高于早稻，这可能是由于湖南地处亚热带季风气候，年平均降水量在 1 500 mm 左右，一半以上的降水量集中在 3—7 月。早稻根系土壤周围的 Cd 离子在降水量较高时可能更容易沉降到深层土壤中（Yang et al.，2016），同时，降水量的增加还会降低植物的蒸腾作用，减少通过蒸腾拉力向旗叶和穗部转运的 Cd 离子数量，从而减少了早稻籽粒中 Cd 的积累。相反，晚稻灌浆期间气候干燥，蒸腾作用比较强，这可能会促进 Cd 由土壤深层向地上部的转运（Foster et al.，2016；Fricke，2015；Shrestha et al，2015）。因此，灌浆期间降水量的差异可能是致使晚稻和早稻之间各部位中 Cd 含量不同的主要环境因素。

水稻在其成熟的过程中，存储于各营养器官中的部分营养元素会被迁移转运到籽粒中（Bahrani et al.，2010；Zhang et al.，2003）。穗下节和倒二节对 Cd 从木质部到韧皮部的转运起主要的调节作用（Fujimaki et al.，2010），节中的转运蛋白对某些矿质营养元素的转运也起着重要的调节作用（Zhao et al.，2006）。穗轴是连接水稻茎秆和籽粒的部位，根系和叶片中的营养元素都会通过穗轴转运到籽粒中，水稻籽粒中的 Cd 含量与穗轴中的 Cd 含量呈明显的极显著正相关（liu et al.，2017）。本试验发现，籽粒中的 Cd 含量与穗轴、节以及节间中的 Cd 含量相关性比较高，通过穗下节的固定，穗下节间、旗叶和穗轴中的 Cd 含量明显降低。此外，无论是雨水充沛的早稻灌浆期，还是秋高气爽的晚稻灌浆期，开花期喷施 Zn 离子后，都能显著降低稻米中的 Cd 含量。本试验中喷施 10 mmol/L 的硫酸锌使晚稻籽粒 Cd 含量从 0.81 mg/kg 降低到 0.58 mg/kg，早稻籽粒中的 Cd 含量从 0.60 mg/kg 降低到 0.41 mg/kg。这可能是由于 Zn 与 Cd 为同族元素，它们的化学性质相似，当 Zn^{2+} 与 Cd^{2+} 同时竞争相同的转运蛋白时，膜蛋白会优先结合水稻生长发育所必需的 Zn^{2+}，从而抑制了 Cd^{2+} 从旗叶向穗轴和籽粒的转运。此外，喷施 Zn 还可能抑制了水稻的蒸腾作用，从而对 Cd 的吸收、运输和再分配产生影响（索炎炎 等，2012；Harris et al.，2004）；同时，细胞壁中的［Si-半纤维素-Zn]络合物能和 Cd 产生共沉淀，将 Cd 固定在节、茎秆和叶片等器官的细胞壁中，从而抑制了 Cd 在细胞间的转运。

水稻体内 Cd 的转运与其他营养元素的吸收转运有着密切的关系。细胞膜上的转运蛋白以及离子通道不仅能够转运多种植物所需的必需元素，如 K^+、Zn^{2+}、Ca^{2+}、Mg^{2+}、Mn^{2+}，还能转运一些非必需元素，如 Cd^{2+}。Cd 不仅能够抑制植物的生长，还能够抑制其他必需元素的吸收积累从而造成植物细胞的死亡。本研究发现，水稻开花期喷施 5～10 mmol/L 的硫酸锌不仅增加了晚稻和早稻籽粒中的 Zn 含量；还增加了晚稻籽粒和穗轴中的 Fe 含量，这可能是因为进入叶片的 Zn 加强了 ZIP 的活性，促进了其对 Zn 和 Fe 的亲和力，提高了其转运率（赵艳玲 等，2016）。此外，晚稻籽粒中的 Cd 含量与籽粒中的 K 和 Ca 正相关，早稻籽粒中的 Cd 含量与 Ca 和 Mn 显著正相关，这说明大多数的 Cd 都能通过 Mn、K、Ca 离子通道或者转运通道进入水稻籽粒中，并伴随着这些元素的降低而减少。因此，叶面喷施硫酸锌，既可以通过增加籽粒中 Zn^{2+} 浓度，与 Cd^{2+} 竞争离子通道，从而直接抑制 Cd 的吸收和转运，也可以通过影响籽粒和穗轴中其他必需元素的积累，间接地抑制水稻籽粒对 Cd 的吸收和积累。

综上所述，晚稻籽粒和穗轴中的 Cd 含量都显著高于早稻，水稻开花期喷施硫酸锌能显著降低晚稻和早稻籽粒中的 Cd 含量。穗下节是 Cd 含量最高的地上部器官，对穗轴和籽粒中的 Cd 含量有显著影响。通过穗下节的固定，穗下节以上的节间、穗轴和籽粒中的 Cd 含量大幅下降。叶面喷施硫酸锌，既能增加籽粒中 Zn^{2+} 浓度，也能影响籽粒和穗轴中 Fe、Ca、Mn 等必需元素的含量。

参考文献

付力成, 王人民, 孟杰, 等, 2010. 叶面锌/铁配施对水稻产量/品质及锌铁分布的影响及其品种差异 [J]. 中国农业科学, 43(24): 5009-5018.

辜娇峰, 杨文弢, 周航, 等, 2016. 外源锌刺激下水稻对土壤镉的累积效应 [J]. 环境科学, 37(9): 3554-3561.

贺前锋, 李鹏祥, 易凤姣, 等, 2016. 叶面喷施硒肥对水稻植株中镉、硒含量分布的影响 [J]. 湖南农业科学(1): 37-39.

史静, 潘根兴, 张乃明, 2013. 镉胁迫对不同杂交水稻品种 Cd/Zn 吸收与积累的影响 [J]. 环境科学学报, 33(10): 2904-2910.

宋安军, 2015. 镉污染条件下叶面喷施水杨酸、镁、谷氨酸对水稻镉等元素积累的影响 [D]. 雅安: 四川农业大学.

索炎炎, 吴士文, 朱骏杰 , 等, 2012. 叶面喷施锌肥对不同镉水平下水稻产量及元素含量的影响[J]. 浙江大学学报 (农业与生命科学版), 38(4): 449-458.

尹洁, 赵艳玲, 徐莜, 等, 2016. 锌对粳稻幼苗镉吸收转运特性的影响 [J]. 农业环境科学学报, 35(5): 834-841.

赵艳玲, 张长波, 刘仲齐, 2016. 植物根系细胞抑制镉转运过程的研究进展 [J]. 农业资源与环境学报, 33(3): 209-213.

BAHRANI A, JOO M H, 2010. Flag leaf role in N accumulation and remobilization as affected by nitrogen in a bread and durum wheat cultivars[J]. American-Eurasian journal of agricultural and environmental sciences, 8(6): 728-735.

CAO F, WANG R, CHENG W, et al., 2014. Geno-typic and environmental variation in cadmium, chromium, lead and copper in rice and approaches for reducing the accumulation[J]. Science of the total environment, 496: 275-281.

DU Y, HU X F, WU X H, et al., 2013. Affects of mining activities on Cd pollution to the paddy soils and rice grain in Hunan province, central south China[J]. Environment monitoring and assessment, 185: 9843-9856.

FOSTER K J, MIKLAVCIC S J, 2016. Modeling root zone effects on preferred pathways for the passive transport of ions and water in plant roots[J]. Frontiers in plant science, 7: 914.

FRICKE W, 2015. The significance of water co-transport for sustaining transpirational water flow in plants: a quantitative approach[J]. Journal of experimental botany, 66: 731-739.

FUJIMAKI S, SUZUI N, ISHIOKA N S, et al., 2010. Tracing cadmium from culture to spikelet: noninvasive imaging and quantitative characterization of absorption, transport, and accumulation of cadmium in an intact rice plant[J]. Plant physiology, 152(4): 1796-1806.

HARRIS N S, TAYLOR G J, 2004. Cadmium uptake and translocation in seedlings of near isogenic lines of durum wheat that differ in grain cadmium accumulation[J]. BMC Plant Biology. 4: 4.

ISHIMARU Y, BASHIR K, NISHIZAWA N K, 2011. Zn uptake and translocation in rice plants[J]. Rice, 4(1): 21-27.

LIU Y, ZHANG C, ZHAO Y, et al., 2017. Effects of growing seasons and genotypes on the accumulation of cadmium and mineral nutrients in rice grown in cadmium contaminated soil[J]. Science of the total environment, 579: 1282-1288.

SHRESTHA R K, ENGEL K, BECKER M, 2015. Effect of transpiration on iron uptake and trans-location in lowland rice[J]. Journal of plant nutrition and soil science, 178: 365-369.

YANG F, AN F, MA H, et al., 2016. Variations on soil salinity and sodicity and its driving factors analysis under microtopography in different hydrological conditions[J]. Water, 8: 227.

ZHANG C F, PENG S B, REBECCA C, 2003. Senescence of top three leaves in field-grown rice plants[J]. Journal of plant nutrition, 26(12): 2453-2468.

第 9 章

叶面调理剂的降 Cd 效果及其对
营养元素转运的影响

Mn 和 Zn 是水稻生长发育所必需的微量元素。Mn 在维持叶绿体稳定中发挥着重要作用，能刺激生长素合成，并且作为酶的催化剂来调节酶活性（饶玉春 等，2012）。在 Cd 污染环境中，增施 Mn 能显著降低水稻根系和地上部的 Cd 含量，并能提升水稻细胞壁中 Cd 的分配比率和降低胞液中 Cd 的分配比率，显著缓解 Cd 对水稻生长发育的抑制作用（徐莜 等，2016；覃都 等，2010）。增施 Zn 也能缓解 Cd 对水稻的毒害作用，促进根系发育、提高地上部生长量（尹洁 等，2016）。叶面喷施 Zn 可以降低稻米对 Cd 的积累，提高产量和稻米 Zn 营养品质，进而改善人类 Zn 营养状况（付力成 等，2010）。

苹果酸是将植物不同细胞器的多种代谢联系起来的小分子有机酸，在植物生长调节、气孔孔径、营养元素平衡和有毒金属耐性等方面起着重要作用。植物受到 Cd 胁迫时，细胞中的苹果酸积累量会显著增加，外源添加苹果酸能显著提高植物生长量，增加净光合速率，减少 H_2O_2 的积累，增强根系活性等，进而减轻 Cd 的毒害作用。

本研究以植物体内最常见的小分子酸苹果酸和微量元素 Mn、Zn 为试剂，采用水稻开花末期叶面喷施的方法，对它们调控水稻生殖器官 Cd 积累特性的效果和机理进行了探讨，旨在为降 Cd 叶面调理剂的筛选和研发提供参考依据。

9.1　材料与方法

9.1.1　试验材料与地点

以早稻品种 Y 两优 143 为材料，在广西壮族自治区河池市，选择土壤和稻米 Cd 含量超标的水稻田进行试验。试验田为水稻土，其基本理化性质：pH 值 6.53，有机质 17.19 g/kg，全氮 0.164%，全磷 0.024%，全钾 1.20%，速效钾 84.96 mg/kg，有效磷 17.1 mg/kg，阳离子交换量 7.82 cmol/kg，Cd 含量 0.69 mg/kg，Mn 含量 1 157.0 mg/kg，Zn 含量 114.1 mg/kg。以分析纯 $ZnCl_2$、$MnCl_2 \cdot 4H_2O$、L-苹果酸为原料配制叶面调理剂。

9.1.2　试验方法

每种叶面调理剂的田间喷施面积为 10.0 m² (4 m × 2.5 m)。试验共分 1 个对照组 (CK) 和 3 个处理组,通过前期试验确定处理液浓度,水稻齐穗开花期向叶面均匀喷施处理液一次,为保证喷施条件一致,每个小区喷施 2 L 处理液,处理液均由田间灌溉水配制。其中,CK 喷施 2 L 灌溉水,处理 1 组喷施 10 mmol/L MnCl₂,处理 2 组喷施 10 mmol/L ZnCl₂,处理 3 组喷施 5 mmol/L 苹果酸,每组设 3 次重复。水稻采用旱育秧方式,于 2016 年 5 月 10 日移栽。施肥方法依照水稻测土配方施肥技术,每亩施用的氮、磷、钾总量分别为尿素 27 kg、普钙 40 kg、钾肥 15 kg,其中基肥 (50 kg 复合肥,尿素 17.3 kg 占总量的 64%)+ 2 次追肥 (分蘖肥尿素 6.7 kg 占总量的 25%,穗粒肥尿素 3 kg 占总量的 11%)。整个生育期各处理无明显病虫害发生。

9.1.3　样品采集与处理

水稻成熟期,选取各小区中心长 3.0 m、宽 1.5 m 处喷施较均匀的水稻,收获稻穗及穗下节部分装入网袋中,自然风干后,将籽粒磨粉,用剪刀把穗轴、穗颈和旗叶剪碎混匀,分别收集于自封袋中,以备消解。

9.1.4　测定方法

Cd 及 6 种水稻矿质营养元素的测定方法同 2.1.2.1。

9.2　苹果酸和微量元素对稻米 Cd 积累特性及分配比例的影响

我国的食品安全国家标准 (GB 2762—2022) 和 FAO/WHO 规定的稻米 Cd 最大限量标准分别为 0.2 mg/kg 和 0.4 mg/kg。在土壤 pH 值 6.53、Cd 含量 0.69 mg/kg 的轻度污染农田中,早稻品种 Y 两优 143 稻米中的 Cd 含量高达 0.63 mg/kg,是国家限量标准的 3.15 倍。水稻开花期喷施苹果酸和 Mn 及 Zn 离子对水稻籽粒中的 Cd 含量均有显著抑制效果,且不同处理间存在差异,降 Cd 效果依次为苹果酸＞ZnCl₂＞MnCl₂（图 9.1）。在苹果酸的作用下，旗叶、穗颈、穗轴和籽粒中的 Cd 含量大幅度下降；而 Mn 和 Zn 主要是抑制了籽粒中的 Cd 含量。和 CK 相比，MnCl₂、ZnCl₂ 和苹果酸处理分别使籽粒 Cd 含量降低了 23.84%、55.44%、58.86%，穗轴 Cd 含量分别下降 19.52%、34.86%、75.77%，穗颈 Cd 含量分别下降 20.90%、24.20%、59.84%，旗叶 Cd 含量分别下降 29.53%、48.11%、50.71%。

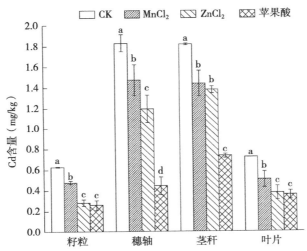

图 9.1　水稻开花期叶面喷施苹果酸和 Mn、Zn 对水稻各器官 Cd 含量的影响
（柱上不同小写字母代表处理间差异达到 5% 显著水平）

9.3　叶面喷施苹果酸和微量元素对水稻各器官营养元素含量的影响

Mg、K、Ca、Mn、Fe 和 Zn 等营养元素在水稻籽粒、穗轴、穗颈和旗叶中的含量差异非常明显，Mg 含量分布高低依次为旗叶最高、籽粒次之、穗轴和穗颈最低（图 9.2a）。K 含量分布高低依次为穗颈最高、旗叶和穗轴次之、籽粒最低（图 9.2b）。Ca、Mn、Fe 含量分布高低依次为旗叶最高、穗轴和穗颈次之、籽粒最低（图 9.2c、图 9.2d、图 9.2e）。Zn 含量在器官间的差异较小。喷施苹果酸、Mn²⁺ 和 Zn²⁺ 对籽粒中的 Mg、K、Zn 含量没有显著影响，喷施 Mn²⁺ 对籽粒中微量元素的含量无显著影响，喷施苹果酸使籽粒中 Ca、Mn 含量显著降低，喷

施 Zn^{2+} 使籽粒中 Ca、Fe 含量显著升高。

喷施 Mn^{2+} 和 Zn^{2+} 对籽粒、穗轴、穗颈和旗叶中的微量元素含量的影响不大，少数微量元素含量影响达到 5% 的显著水平。喷施苹果酸使各器官中的 Mn 含量均显著下降（图 9.2d），穗轴、穗颈的 Mg 含量显著升高，籽粒、穗轴、旗叶的 Ca 含量显著降低，穗颈 Fe 含量显著升高，穗轴 Zn 含量显著降低。喷施 $MnCl_2$ 使穗颈 Mg、K 含量显著升高，穗轴 Ca、Mn 含量显著升高，穗轴 K 含量显著降低。喷施 $ZnCl_2$ 使籽粒中 Ca、Fe 含量显著升高，旗叶 Mn 含量显著降低。喷施 Zn 显著提高了各器官中的 Zn 含量，但喷施 Mn 和苹果酸对各器官中的 Zn 含量没有显著影响（图 9.2f）。

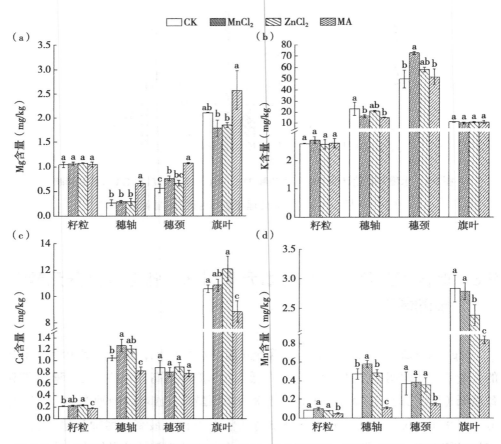

图 9.2　水稻开花期叶面喷施苹果酸和 Mn 及 Zn 对水稻籽粒、穗轴、穗颈、旗叶营养元素含量的影响

（柱上不同小写字母代表处理间差异达到 5% 显著水平）

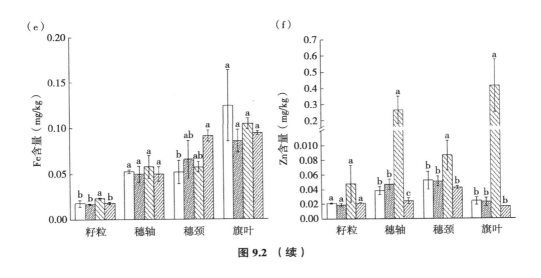

图 9.2　（续）

9.4　叶面喷施苹果酸和微量元素对水稻各器官营养元素 TF 的影响

　　喷施苹果酸、$MnCl_2$ 和 $ZnCl_2$ 不仅影响各器官中必需营养元素的含量，也影响营养元素在相邻器官间的转移（表 9.1）。苹果酸处理下 Cd 的 TF$_{籽粒/穗轴}$是 CK 的 1.7 倍，TF$_{穗轴/穗颈}$较 CK 显著降低。$ZnCl_2$ 处理 Cd 的 TF$_{穗颈/旗叶}$较 CK 显著提高。$MnCl_2$ 对 Cd 的 TF 无显著影响。苹果酸对 Cd 的 TF 影响较大。

　　叶面喷施苹果酸能促进 Mg、K、Ca、Mn、Fe、Zn 从旗叶向穗颈中转移，其中 Mg 和 Fe 的 TF$_{穗颈/旗叶}$达到显著水平，分别为 CK 的 1.8 倍和 2.1 倍；抑制了 K、Ca、Mn、Fe、Zn 从穗颈向穗轴的转移，但对 TF 的影响差异不显著；促进 K、Ca、Mn、Fe、Zn 从穗轴向籽粒中转移，其中 K、Mn、Zn 的 TF$_{籽粒/穗轴}$显著提高。叶面喷施 $MnCl_2$ 能促进 Mg、K、Mn、Fe、Zn 从旗叶向穗颈中转移，其中 Mg 和 K 的 TF$_{穗颈/旗叶}$达到显著水平，分别为 CK 的 1.6 和 1.5 倍。同时促进了 Ca、Mn、Zn 从穗颈向穗轴的转移，其中 Ca 从穗颈向穗轴的 TF 显著增加，显著抑制 K 从穗颈向穗轴的转移，显著促进 K 从穗轴向籽粒中的转移。叶面喷施 $ZnCl_2$ 能促进 Mg、K、Mn、Fe 从旗叶向穗颈中转移，Mg 的

TF$_{穗颈/旗叶}$显著提高，Zn 的 TF$_{穗颈/旗叶}$显著降低；同时抑制了 Mg、K、Fe 在穗轴和穗颈间的转移，显著促进 Zn 在穗轴和穗颈间的转移，Zn 的 TF$_{穗轴/穗颈}$为 CK 的 4.3 倍。抑制 Ca、Mn、Zn 从穗轴向籽粒中的转移，其中 Zn 的 TF$_{籽粒/穗轴}$显著降低。

苹果酸对 Cd 的 TF 影响较大，表现为显著促进 Cd 从穗轴向籽粒转移，显著抑制 Cd 从穗颈向穗轴的转移，Zn^{2+} 处理下只显著促进 Cd 从旗叶向穗颈的转移，而 Mn^{2+} 对水稻相邻器官间的 TF 无显著影响。

表 9.1　苹果酸和 Mn 及 Zn 对水稻 Cd 和营养元素 TF 的影响

营养元素	TF	CK	MnCl$_2$	ZnCl$_2$	苹果酸
Cd	TF$_{籽粒/穗轴}$	0.34 ± 0.02b	0.31 ± 0.01b	0.22 ± 0.01b	0.58 ± 0.01a
	TF$_{穗轴/穗颈}$	1.01 ± 0.04ab	1.07 ± 0.03a	0.86 ± 0.08bc	0.60 ± 0.10c
	TF$_{穗颈/旗叶}$	2.54 ± 0.01b	2.91 ± 0.81ab	4.13 ± 0.25a	2.07 ± 0.86b
Mg	TF$_{籽粒/穗轴}$	3.95 ± 0.99a	3.67 ± 0.33a	3.97 ± 1.23a	1.61 ± 0.06b
	TF$_{穗轴/穗颈}$	0.5 ± 0.18ab	0.39 ± 0.06b	0.43 ± 0.09ab	0.63 ± 0.04a
	TF$_{穗颈/旗叶}$	0.26 ± 0.04c	0.42 ± 0.02ab	0.36 ± 0.03b	0.47 ± 0.06a
K	TF$_{籽粒/穗轴}$	0.12 ± 0.03b	0.17 ± 0.01a	0.13 ± 0.01b	0.17 ± 0.01a
	TF$_{穗轴/穗颈}$	0.48 ± 0.20a	0.22 ± 0.01b	0.35 ± 0.01ab	0.33 ± 0.06ab
	TF$_{穗颈/旗叶}$	4.51 ± 0.79b	6.99 ± 0.89a	5.47 ± 0.21b	4.74 ± 0.52b
Ca	TF$_{籽粒/穗轴}$	0.20 ± 0.01ab	0.18 ± 0.02b	0.20 ± 0.02ab	0.22 ± 0.01a
	TF$_{穗轴/穗颈}$	1.20 ± 0.21b	1.57 ± 0.17a	1.35 ± 0.13ab	1.02 ± 0.11b
	TF$_{穗颈/旗叶}$	0.08 ± 0.01a	0.07 ± 0.01a	0.07 ± 0.01a	0.09 ± 0.01a
Mn	TF$_{籽粒/穗轴}$	0.18 ± 0.02b	0.16 ± 0.03b	0.16 ± 0.01b	0.40 ± 0.06a
	TF$_{穗轴/穗颈}$	1.38 ± 0.62a	1.56 ± 0.32a	1.41 ± 0.28a	0.72 ± 0.03a
	TF$_{穗颈/旗叶}$	0.13 ± 0.05a	0.14 ± 0.02a	0.15 ± 0.03a	0.18 ± 0.02a
Fe	TF$_{籽粒/穗轴}$	0.34 ± 0.06a	0.31 ± 0.06a	0.46 ± 0.01a	0.38 ± 0.01a
	TF$_{穗轴/穗颈}$	1.04 ± 0.29a	0.77 ± 0.21a	1.02 ± 0.31a	0.54 ± 0.05a
	TF$_{穗颈/旗叶}$	0.46 ± 0.25b	0.66 ± 0.09ab	0.61 ± 0.01b	0.98 ± 0.09a

（续表）

营养元素	TF	CK	MnCl$_2$	ZnCl$_2$	苹果酸
Zn	TF$_{籽粒/穗轴}$	0.56 ± 0.10b	0.39 ± 0.12bc	0.18 ± 0.04c	0.89 ± 0.13a
	TF$_{穗轴/穗颈}$	0.76 ± 0.28a	0.91 ± 0.06a	3.25 ± 2.09a	0.55 ± 0.05a
	TF$_{穗颈/旗叶}$	2.31 ± 1.01a	2.71 ± 0.89a	0.26 ± 0.14b	2.67 ± 0.21a

注：同行不同小写字母代表处理间差异达到 5% 显著水平。

9.5　讨论与结论

水稻收获期稻穗中 60%～90% 的总碳来自开花后的光合作用，其他许多储存在营养体中的营养元素和重金属 Cd 也会在籽粒发育过程中转运到籽粒中来（Chen et al.，2018）。高 Cd 积累品种开花后叶片中的 Cd 输出率和穗轴中的 Cd 浓度显著高于低 Cd 积累品种（文志琦 等，2015；居学海 等，2014）。因此，通过喷施叶面调理剂来抑制茎叶中 Cd 向籽粒转运的过程，就有可能提高旗叶、穗颈、穗轴对 Cd 阻控作用，在不影响籽粒正常发育的前提下，降低稻米中的 Cd 含量。本研究发现，水稻开花期喷施 ZnCl$_2$ 和苹果酸能使稻谷中 Cd 含量从 0.63 mg/kg 降到 0.26～0.28 mg/kg，达到国际食品安全标准。喷施 MnCl$_2$ 也能降低稻米中的 Cd 含量，但降 Cd 效果不如 ZnCl$_2$ 和苹果酸。不同叶面调理剂降 Cd 效果的差异可能与各自独特的调控机理有关。微量元素 Mn 和 Zn 可能主要通过拮抗作用来抑制 Cd 从营养器官向稻米中的转移（徐莜 等，2016）；而苹果酸可能与 Cd 发生螯合作用，使其转变成低毒或无毒的螯合态存储在营养体中（Kutrowska et al.，2014）。由于节、老叶和基部茎秆中的 Cd 含量显著高于旗叶，喷施苹果酸可能促进了基部营养体对 Cd 的固定，抑制了 Cd 从基部营养体向穗颈和穗轴的转运，进而抑制了 Cd 向稻米的转运。

苹果酸是植物叶片和根系中最丰富的小分子酸，能通过呼吸作用对许多代谢过程产生调控作用（Vecerova et al.，2016）。本研究发现，叶面喷施苹果酸，不仅对水稻籽粒、穗轴、穗颈和旗叶中的 Cd 含量产生了显著抑制作用，而且显著降低了各器官中的 Mn 含量，但 Mg 和 Fe 从旗叶向穗颈的转移以及 K、Mn、Zn 从穗轴向籽粒的转移效率显著提高。这可能是因为苹果酸通过叶片进入植株后，与 Cd 在细胞内或细胞间隙形成的高稳定 Cd 复合物不易解离，降低了水稻 Cd 的活度，从而抑制茎叶中的 Cd 向稻米的转运（万亚男 等，2014）。与此同时，苹果酸通过促进 Mg、K、Fe 等必需元素向水稻穗颈的转运，降低了 Cd 和 Mn 离子与相关离子通道和载体蛋白结合的几率（Sasaki et al.，2015），于是显著降低了稻穗各部位以及稻米中的 Cd 含量。

水稻开花期叶面喷施 $ZnCl_2$，不仅对水稻籽粒、穗轴、穗颈、旗叶中的 Cd 含量产生了显著抑制作用，而且籽粒中的 Cd 含量分配比例从 12.55% 降至 8.66%，提高了各器官中的 Zn 含量。这可能是因为 Cd 与 Zn 为同族元素，具有相似的化学性质，当 Cd^{2+} 与 Zn^{2+} 竞争相同的转运蛋白时，膜蛋白优先结合水稻生长发育必需的 Zn^{2+}，从而抑制了 Cd^{2+} 从旗叶向籽粒的转运。Cd 从穗颈向穗轴转移的过程中，大部分的 Cd 被拦截在穗颈中，导致 Cd 的 $TF_{穗轴/穗颈}$ 显著下降。喷施 $ZnCl_2$ 促进了 Mg、K、Mn 从旗叶向穗颈的转移，必需营养元素中的阳离子与 Cd^{2+} 争夺离子通道，从而降低了 Cd 在水稻中的转运，降低了籽粒的 Cd 含量。叶面喷施 $ZnCl_2$ 后，籽粒、穗轴、穗颈 Fe 含量均有所增加，与索炎炎等（2012）的研究相似。植物从土壤中主要吸收氧化态的 Fe 通常为 Fe^{3+}，经 NAD(P)H 还原后转变为 Fe^{2+} 再进入细胞内。Cd^{2+} 能和 Fe^{2+} 竞争相同的膜转运蛋白，因此喷施 $ZnCl_2$ 来提高植株中 Fe^{2+}，间接减少 Cd 在水稻中的转运（Sarwar et al.，2010）。因此，叶面喷施 $ZnCl_2$，可以通过增加 Zn^{2+} 浓度，与 Cd^{2+} 竞争通道，直接影响 Cd 的吸收和转运，也可以通过影响其他必需元素的含量，间接抑制 Cd 的吸收和转运。

大量的研究表明，Mn^{2+} 与 Cd^{2+} 对相关离子通道和载体蛋白的结合存在竞争关系，Mn^{2+} 能优先结合细胞膜上的载体蛋白和通道蛋白，与 Cd^{2+} 产生拮抗作用。本研究发现，叶面喷施 $MnCl_2$，不仅对水稻籽粒、穗轴、穗颈、旗叶中的 Cd 含量产生了显著抑制作用，而且对 K 在相邻器官间的转移有很大影响，$MnCl_2$ 显著促进 K 从穗轴向籽粒中的转移；同时还促进了 Mg、K、Mn、Fe、Zn 从旗叶向穗颈、Ca 从穗颈向穗轴的转移。这些必需元素在穗颈和穗轴中的富集，大幅降低了 Cd 与转运蛋白结合的机会，通过拮抗作用有效抑制了 Cd 进入水稻籽粒的过程。

综上所述，水稻开花期喷施苹果酸和锰锌离子能显著降低成熟期籽粒、穗轴、穗颈和旗叶中的 Cd 含量，喷施苹果酸的降 Cd 效果最为显著，其次是 $ZnCl_2$，$MnCl_2$ 的降 Cd 效果最差，仅使稻米中的 Cd 含量下降了 23.84%。喷施苹果酸和锰锌离子对水稻籽粒、穗轴、穗颈、旗叶中矿质元素的含量均有不同程度影响。苹果酸能显著降低各器官中的 Mn 含量。苹果酸和锰锌离子都能促进 Mg、K、Mn、Fe 从旗叶向穗颈中的转移。

参 考 文 献

付力成, 王人民, 孟杰, 等, 2010. 叶面锌 / 铁配施对水稻产量 / 品质及锌铁分布的影响及其品种差异 [J]. 中国农业科学, 43(24): 5009-5018.

居学海, 张长波, 宋正国, 等, 2014. 水稻籽粒发育过程中各器官镉积累量的变化及其与基因型和土壤镉水平的关系 [J]. 植物生理学报, 50(5): 634-640.

饶玉春, 郑婷婷, 马伯军, 等, 2012. 微量元素铁 / 锰 / 铜对水稻生长的影响及缺素防治 [J]. 中国稻米, 18(4): 31-35.

索炎炎, 吴士文, 朱骏杰, 等, 2012. 叶面喷施锌肥对不同镉水平下水稻产量及元素含量的影响[J]. 浙江大学学报 (农业与生命科学版), 38(4): 449-458.

覃都, 陈铭学, 周蓉, 等, 2010. 锰-镉互作对水稻生长和植株镉 / 锰含量的影响 [J]. 中国水稻科学, 24(2): 189-195.

万亚男, 张敬锁, 余垚, 等, 2014. 有机酸对苗期水稻吸收和运输镉的影响 [J]. 生态学杂志, 33(8): 2188-2192.

文志琦, 赵艳玲, 崔冠男, 等, 2015. 水稻营养器官镉积累特性对稻米镉含量的影响 [J]. 植物生理学报, 51(8): 1280-1286.

徐莜, 杨益新, 李文华, 等, 2016. 锰离子浓度及其转运通道对水稻幼苗镉吸收转运特性的影响 [J]. 农业环境科学学报, 35(8): 1429-1435.

尹洁, 赵艳玲, 徐莜, 等, 2016. 锌对粳稻幼苗镉吸收转运特性的影响 [J]. 农业环境科学学报, 35(5): 834-841.

CHEN R, ZHANG C, ZHAO Y, et al., 2018. Foliar application with nano-silicon reduced cadmium accumulation in grains by inhibiting cadmium translocation in rice plants[J]. Environmental science and pollution research, 25: 2361-2368.

KUTROWSKA A, SZELAG M, 2014. Low-molecular weight organic acids and peptides involved in the long-distance transport of trace metals[J].Acta physiologiae plantarum, 36(8): 1957-1968.

SARWAR N, SAIFULLAH, MALHI S S, et al., 2010. Role of mineral nutrition in minimizing cadmium accumulation by plants[J]. Journal of the science of food & agriculture, 90(6):

925-937.

SASAKI A, YAMAJI N, MA J F, 2014. Overexpression of OsHMA3 enhances Cd tolerance and expression of Zn transporter genes in rice[J]. Journal of experimental botany, 65: 6013-6021.

VECEROVA K, VECERA Z, DOCEKAL B, et al., 2016. Changes of primary and secondary metabolites in barley plants exposed to CdO nanoparticles[J]. Environmental pollution, 218: 207-218.

第 10 章

水稻各器官 Cd 阻控功能的研究进展

本章围绕植物根系、茎叶、穗轴和稻谷对 Cd 的拦截作用及其调控机理进行了综述，以期为进一步完善 Cd 污染农田水稻安全生产技术提供参考依据。

10.1　水稻根系对 Cd 转运过程的阻控

水稻根系是由种子根和不定根组成的须根系，主要集中在 0～20 cm 的耕作层内，占总根量的 90% 以上。水稻根的颜色有白色、黄褐色和黑色，白色根的活力最强，黄褐色根活力下降，而黑色根已基本失去活力。根毛的伸长区是各种离子进入根系的主要部位。水稻根系伸长区的 Cd 离子流速是根冠区的 4～8 倍，高 Cd 积累品种的根系伸长区的 Cd 离子流速显著大于低 Cd 积累品种（韩立娜 等，2014）。土壤溶液中的 Cd 离子通过自由空间扩散到根系细胞壁和细胞质之间后，一部分 Cd 沉积在细胞壁上，另一部分 Cd 穿过细胞膜进入到细胞质中，其中的少部分继续进行跨膜运输，进入液泡和其他细胞器中储存起来，其余的 Cd 向地上部转运。水稻根系累积 Cd 的能力在品种间有非常显著的差异。在水培和盆栽试验中，水稻根系中的 Cd 浓度可以高达 500～1 600 mg/kg（居学海 等，2014；刘候俊 等，2011）；而在重金属污染农田环境中，水稻根系中的 Cd 浓度一般为 5～63 mg/kg（单天宇 等，2017）。

10.1.1　根系边缘细胞和根表 Fe 膜对有害离子的阻控

根边缘细胞（root border cells）是从根冠表皮游离出来并聚集在根尖周围的一群特殊细胞，其发育受遗传调控，能在逆境中发挥多种生物学功能。水稻和其他许多植物的根尖组织，受到环境中 Cu、Cd、B、Pb、Hg、Fe 和 As 等元素的胁迫后，可通过胞外产生黏液层抵御外界胁迫侵害，随后刺激机体产生一系列 ROS，ROS 可作为信号分子刺激或诱导细胞凋亡，这些凋亡的边缘细胞与根尖脱离，分散到根际环境中（王亚男 等，2013），起到一种排除重金属的毒害和保护根尖组织生物活性的作用。而在根毛区和伸长区等较老的根组织表面，铁锰膜是保护水稻根系免受重金属毒害的主要组织。

在淹水的自然条件下，水稻根系分泌的氧气和其他氧化性物质，将淹水环

境中还原性物质如 Fe^{2+}、Mn^{2+}、有机质等进行氧化，导致铁锰氧化物在根表沉积而形成红棕色 Fe 膜，既能保护根系免受 Cd、Pb、Cs、As 等有害重金属的毒害（郭伟 等，2010），又能促进植物对 Fe、磷等养分的吸收（傅友强 等，2014）。水稻根表 Fe 膜的形成和发育，既受土壤营养成分和通气条件的影响，也受品种类型和栽培条件的影响。水稻根系的泌氧特性、氧化电位和氧化面积、磷利用能力等在品种间有很大的差异，直接影响根表 Fe 膜的发育。磷营养缺乏或者是营养液中磷和二价 Fe 浓度比低于 1：3 容易诱导水稻根表 Fe 膜的形成。但在稻田中即使土壤没有明显缺磷，水稻根表也有 Fe 膜沉积。淹水条件下土壤微生物对有机物的降解能刺激根系分泌更多的氧，加速根际 Fe^{2+} 的氧化，促进根表 Fe 膜的形成。

10.1.2　细胞壁对 Cd 的固定和封存

植物细胞壁的主要成分为纤维素、半纤维素，同时含有少量的结构蛋白。细胞壁能将重金属离子隔离在胞外，主动参与植物对重金属胁迫的响应过程，进而降低进入原生质体的重金属离子数量。根系细胞壁上沉积的 Cd 约占水稻根系中 Cd 总量的 45%～90%（焦欣田 等，2018）、小麦和大麦等植物根系 Cd 的 26%～80%（赵艳玲 等，2016）。细胞壁对 Cd 的吸附固定主要靠细胞壁中各种大分子物质提供的带负电的配位基团来完成，如羟基、羧基、醛基、氨基、磷酸基、胺基、酰胺基等（刘清泉 等，2014），细胞壁中纤维素、半纤维素、果胶的含量和结构甚至会因 Cd 的结合而改变（Cheng et al.，2018）。用一氧化氮增加根部细胞壁果胶、半纤维素含量，就能显著增加水稻根细胞壁中的 Cd 积累量和水稻的耐 Cd 能力。细胞壁中的一些酶蛋白则通过一系列生理生化反应参与到植物对 Cd 的固定作用中。如果因缺磷而降低拟南芥和铝敏感水稻品种根尖细胞壁的多糖含量及果胶甲酯酶（PME）的酶活性，就能显著降低细胞壁对 Cd 和 Al 的吸持能力（黄文方 等，2013），增磷则会提高水稻根系细胞壁中的 Cd 含量（李桃 等，2017）。一些无机离子如 Ca、Zn、Si 等通过增加 Cd 在细胞壁中的沉积和自由空间中交换态 Cd 的比重等途径缓解 Cd 对水稻的毒害，抑制水稻对 Cd 的吸收及其向地上运输（焦欣田 等，2018）。

10.1.3　细胞膜对 Cd 的阻控作用

细胞膜又称原生质膜，是分隔细胞内外不同介质和组成成分的界面，能选择性地进行物质转运，实现屏蔽有害物质进入细胞质的目的。细胞膜进行物质转运的方式主要有被动运输和主动运输两大类。这 2 种运输方式对 Cd 在根系内的转运和积累都有显著的影响。主动运输需要消耗大量热量并且需要载体。例如，位于根系细胞膜上的锌转运蛋白家族（ZRT）和铁转运蛋白家族（IRT）主要负责把环境中的 Zn、Fe、Mn、Cd 等重金属转运到细胞质中（金枫 等，2010）。水稻根系细胞膜上的自然抗性巨噬细胞蛋白（natural resistance-associated macrophage protein）也与 Cd 的吸收转运密切相关。

对于大多数金属离子而言，主要通过顺浓度差或电位差跨膜扩散的过程（即被动运输）进入根系细胞中。因为被动运输需要载体或离子通道，所以具有特异性、饱和性和竞争性抑制 3 个显著的特点。植物根系对 Cd^{2+} 的吸收既受根系周围环境中 Cd 浓度的影响（刘仲齐 等，2017；张参俊 等，2015），又受 Ca^{2+}、Mn^{2+}、K^+ 等阳离子的影响，存在明显的竞争性抑制现象。遗憾的是，根系细胞膜上的离子通道如何调控 Cd 吸收转运的分子机理尚不清楚。

10.1.4　细胞器对 Cd 的封存

细胞器拥有的细胞内膜与细胞膜具有相似的结构和功能，也能通过选择性吸收把 Cd 转运到细胞器内，通过区隔化作用把 Cd 封存起来，减弱或消除 Cd 对细胞质中各种正常生理活动的干扰。参与多种重金属转运的重金属 ATPase（HMA）不仅存在于细胞膜上，而且广泛分布于叶绿体、高尔基体、液泡、内囊体等细胞器的质膜上（金枫 等，2010）。液泡作为植物细胞一类特殊的细胞器，对于维持整个细胞和组织的渗透压起着非常重要的作用。液泡中的物质类型非常丰富，主要有无机盐、有机酸、糖类、脂类、蛋白质、树胶、鞣酸类、生物碱和花色素苷等物质，这些代谢物能与金属离子形成络合物或螯合物而降低其毒性。或者是水稻根系厚壁组织、薄壁组织和周皮细胞胞质中的 Cd 先与 PCs

结合，然后在液泡膜上的 *OsHMA3* 等重金属转运蛋白的作用下，转运至液泡中封存起来。

10.2　茎叶对 Cd 的阻控与拦截

水稻茎秆由节间和节构成，节上着生叶和芽。茎基部有 7～13 个节间不伸长，称为蘖节；茎的上部有 4～7 个明显伸长的节间，形成茎秆。一般生育期长的品种茎节数和伸长节间数较多，生育期短的品种较少。节表面隆起，内部充实，外层是表皮，细胞壁很厚，节组织中的厚壁细胞充满原生质，生活力旺盛，是生叶、发根、分蘖的活力中心。叶、分蘖及根的输导组织都在茎节内会合，因此，节内维管束的配置比较复杂。基部节的 Cd 含量和 Cd 流速都明显大于顶部节；节中的 Cd 浓度约是节间组织中 Cd 浓度的 5～10 倍（韩潇潇　等，2019）。在轻度污染环境中，顶部 2 节的 Cd 浓度略低于根系中的 Cd 浓度；而在高污染环境中，穗下节中的 Cd 浓度高达 40 mg/kg，比根系中的 Cd 含量高出 2 倍以上。扫描电镜分析结果表明，Cd 主要分布在节和节间维管束组织的细胞壁上。水稻开花期穗下节组织中表达水平显著提高的 *LCD* 基因，可以有效降低穗轴和稻米中的 Cd 含量。

水稻的完全叶由叶鞘和叶片组成。叶鞘抱茎，有保护分蘖芽、幼叶、嫩茎、幼穗和增强茎秆强度作用，又是重要的储藏器官之一。叶片为长披针形，是进行光合作用和蒸腾作用的主要器官。近根叶和中部过渡叶在水稻开花后开始衰老和枯死，并将其中储存的营养物质输出，为根系生长、分蘖分化、节间伸长、幼穗分化等提供营养保障。最上部的 3 片生殖生长叶，对中上部节间的发育、籽粒发育和灌浆等起重要作用。水稻开花期，顶部 3 片叶中的 Cd 浓度达到最大值，叶鞘的含量显著高于叶片，灌浆过程中叶片的 Cd 输出量是决定稻米中 Cd 含量的主要因素（文志琦　等，2015）。水稻叶片的耐 Cd 性和 Cd 积累能力在品种间有显著差异。开花期喷施富含 Si、Mn、Zn 及离子通道抑制剂的叶面肥，之所以能够显著降低稻米中的 Cd 含量，就是抑制了 Cd 从叶片向籽粒的转运过程（贺前锋　等，2016）。

10.3　穗轴和稻壳对 Cd 的阻控与拦截

　　水稻的穗为圆锥花序，主梗称之为穗轴，穗轴上着生一次枝梗，一次枝梗上着生二次枝梗，各次枝梗上着生小穗梗，小穗梗顶端着生小穗。穗轴结构与茎相似，横切面边缘部分排列着小维管束，中央部排列着大维管束。穗颈节间大维管束数与一次枝梗数接近，节间越粗，大维管束越多。来自根茎叶的 Cd 最终都汇聚到了穗轴中，成为进入稻谷的最后一站。穗轴中的 Cd 含量和稻谷中的 Cd 含量高度线性相关，低 Cd 积累品种穗轴中的 Cd 含量显著低于高 Cd 积累品种。

　　着生于穗轴枝梗上的稻花受精后发育成一粒稻谷，成熟稻谷由稻壳（颖）、糠层（果皮、种皮、糊粉层的总称）、胚及胚乳等部分组成。水稻籽粒中的 Cd 主要分布在皮层、外胚乳、糊粉层和胚中，胚乳中的 Cd 含量较低（王亚军 等，2010）。这主要是因为稻米中的储藏蛋白特别是球蛋白与 Cd 的结合能力较强，稻米蛋白质结合了 54.8% 的 Cd，而淀粉只结合了 10.8% 的 Cd；蛋白质中的含硫氨基酸含量与 Cd 结合能力显著正相关。

10.4　结论与展望

　　在农田生态系统中，土壤中的 Cd 进入水稻根系的过程受到自然环境、栽培措施、品种类型等多种因素的影响。Cd 进入根系后，根系细胞立即启动各种抵御机制来缓解其生理毒害，其中边缘组织的死亡脱落、根表 Fe 膜和根系细胞壁对 Cd 的固定是防止 Cd 向地上部转运的最有效手段。根系、茎节、叶鞘等厚壁细胞丰富的器官和组织中，积累的 Cd 浓度往往较高。细胞膜的选择透性能保障水分和必需元素的优先转运，有效滞缓 Cd 的跨膜运输。蒸腾作用和离子通道基因的表达水平对 Cd 在水稻各器官间的转运有显著影响。因此，未来研究应在以下3 个方面进一步加强。

10.4.1 水稻根系对 Cd 固定机理的研究

耕层土壤的营养特性、通气状况和水稻体内抗逆基因的表达水平等因素，都会影响根系铁锰膜和细胞壁的发育及其对 Cd 的固定效应，研究能够促进铁锰膜和细胞壁发育的栽培措施及其分子调控机制，提高根系组织捕获和固定 Cd 的潜力，就能使转运到地上部的 Cd 大幅下降，保证地上部的正常发育，缓解 Cd 污染对产量和品质特性的不良影响。

10.4.2 茎叶阻控 Cd 向水稻籽粒转运机理的研究

穗下节中特殊基因的表达和喷施叶面调理剂，都能有效抑制 Cd 从营养器官向水稻籽粒的转运，是降低稻米 Cd 含量的有效手段。深入系统地研究水稻灌浆期间茎秆和穗轴等器官拦截 Cd 转运的生理机制和分子调控原理，提高茎叶和穗轴组织拦截 Cd 的潜力，就能使汇聚到穗轴末端的 Cd 浓度大幅下降，减少其进入籽粒的机会。

10.4.3 水稻细胞膜对 Cd 敏感性的调控机理研究

Cd 离子通过"蹭车"的方式伴随着必需元素进行跨膜运输，Cd 离子流速在水稻各器官间、品种间存在很大的差异，这与膜蛋白对 Cd 的敏感性密切相关。通过研究细胞膜的信号识别系统，进一步提高膜蛋白对 Cd 的敏感性和识别能力，提升各级组织的拦截作用，就能大幅降低 Cd 从根际污染环境进入水稻根系的数量及其向地上部各器官转运的效率，使稻米中的 Cd 含量降到安全无害的水平。

参 考 文 献

傅友强, 杨旭健, 吴道铭, 等, 2014. 磷素对水稻根表红棕色铁膜的影响及营养效应 [J]. 中国农业科学, 47(6): 1072-1085.

郭伟, 林咸永, 程旺大, 2010. 不同地区土壤中分蘖期水稻根表铁氧化物的形成及其对

砷吸收的影响 [J]. 环境科学, 31(2): 496-502.

韩立娜, 居学海, 张长波, 等, 2014. 水稻镉离子流速的基因型差异及与镉积累量的关系研究[J]. 农业环境科学学报, 33(1): 37-42.

韩潇潇, 任兴华, 王培培, 等, 2019. 叶面喷施锌离子对水稻各器官镉积累特性的影响 [J]. 农业环境科学学报, 38(8): 1809-1817.

贺前锋, 李鹏祥, 易凤姣, 等, 2016. 叶面喷施硒肥对水稻植株中镉、硒含量分布的影响 [J]. 湖南农业科学, 1: 37-39.

黄文方, 陈晓阳, 邢承华, 等, 2013. 磷对水稻耐铝性及根尖细胞壁组分的影响 [J]. 中国水稻科学, 27(2): 161-167.

焦欣田, 薛卫杰, 赵艳玲, 等, 2018. 硅锌互作对水稻幼苗镉吸收转运特性的影响 [J]. 农业环境科学学报, 37(11): 2491-2497.

金枫, 王翠, 林海建, 等, 2010. 植物重金属转运蛋白研究进展 [J]. 应用生态学报, 21(7): 1875-1882.

居学海, 张长波, 宋正国, 等, 2014. 水稻籽粒发育过程中各器官镉积累量的变化及其与基因型和土壤镉水平的关系 [J]. 植物生理学报, 50(5): 634-640.

李桃, 李军, 韩颖, 等, 2017. 磷对水稻镉的亚细胞分布及化学形态的影响 [J]. 农业环境科学学报, 36(9): 1712-1718.

刘侯俊, 梁吉哲, 李军, 等, 2011. 东北地区不同水稻品种对 Cd 的累积特性研究 [J]. 农业环境科学学报, 30(2): 220-227.

刘清泉, 陈亚华, 沈振国, 等, 2014. 细胞壁在植物重金属耐性中的作用 [J]. 植物生理学报, 50(5): 605-611.

刘仲齐, 张长波, 2017. 重金属调控非选择性阳离子通道生理功能的研究进展 [J]. 农业资源与环境学报, 34(1): 1-5.

单天宇, 刘秋辛, 阎秀兰, 等, 2017. 镉砷复合污染条件下镉低吸收水稻品种对镉和砷的吸收和累积特征 [J]. 农业环境科学学报, 36(10): 1938-1945.

王亚军, 潘传荣, 钟国才, 等, 2010. 稻谷中镉元素残留分布特征分析[J]. 粮食与饲料工业, 10: 56-59.

王亚男, 姜华, 王煜, 等, 2013. 不同状态绿豆根边缘细胞对 Cd²⁺ 的响应 [J]. 土壤学报, 50(1): 165-170.

文志琦, 赵艳玲, 崔冠男, 等, 2015. 水稻营养器官镉积累特性对稻米镉含量的影响 [J]. 植物生理学报, 51(8): 1280-1286.

张参俊, 张长波, 王景安, 等, 2015. 非选择性阳离子通道对水稻幼苗镉吸收转运特性的影响 [J]. 农业环境科学学报, 34(6): 1028-1033.

赵艳玲, 张长波, 刘仲齐, 2016. 植物根系细胞抑制镉转运过程的研究进展 [J]. 农业资源与环境学报, 33(3): 209-213.

CHENG S, HUA YU, MENG HU, et al., 2018. Miscanthus accessions distinctively accumulate cadmium for largely enhanced biomass enzymatic saccharification by increasing hemicelluloses and pectin and reducing cellulose CrI and DP[J]. Bioresource technology, 263: 67-74.

第 11 章

重金属调控 NSCCs 生理功能的
研究进展

NSCCs 是生物膜上能同时允许不同价态的阳离子通过的多种通道蛋白的集合体，参与了细胞的营养吸收、膨压控制、信号传导等许多生理过程。NSCCs 能够快速转运 Ca^{2+}、K^+、Mg^{2+} 等细胞代谢必需的营养元素，也能转运有毒重金属离子。了解重金属离子与 NSCCs 的互作关系，对于调控植物对污染环境中有害重金属的吸收和转运过程具有重要意义。本章综述了重金属离子类型和浓度影响 NSCCs 门控机制的研究进展，为探索新型离子通道调控剂及其调控机理提供参考。

从原子序数 23 的钒（V）至 92 的铀（U），共有 60 种天然金属元素，其中 54 种金属元素的相对密度大于 4.5 g/cm³，称之为重金属元素。有些重金属是植物生长发育所必需的微量元素，如 Fe、Cu、Mn、Ni、Zn；多数重金属对植物有害无益，如 Pb、Cd、Hg 等。和其他离子一样，重金属离子主要通过主动运输、被动扩散和细胞膜的吞噬作用进入到细胞内（Finazzi et al.，2015），并在植物细胞中成千百倍地富集，最后通过食物链进入人体，危害人体健康。研究表明，一个开放的离子通道每秒可运输 $10^7 \sim 10^8$ 个离子，比载体蛋白的主动运输速率快 1 000 倍（何龙飞 等，1999）。而 NSCCs 是在多种离子通道中最具活力的一员，它既可以转运多种重金属离子，也受重金属离子浓度的调控。因此，了解重金属离子与 NSCCs 的互作关系，对于调控植物对污染环境中有害重金属的吸收和转运过程具有重要意义。

11.1　NSCCs 的主要生理功能

细胞是生物体的形态结构和生命活动的基本单位，细胞外面包被的细胞膜对于调节和维持细胞内微环境的相对稳定性起到了关键作用。细胞膜可以有选择地对细胞内外的离子进行交换和转运。离子依靠浓度梯度穿过细胞膜的过程称之为被动运输，承担被动运输的通路称离子通道。离子从浓度低处经过细胞膜向浓度高处运输的耗能过程称为主动运输，承担主动运输的离子载体称为离子泵。离子通道由细胞产生的特殊蛋白质构成，它们聚集起来并镶嵌在细胞膜上，中间形成水分子占据的孔隙，这些孔隙就是水溶性物质快速进出细胞的通道。各种离子通道蛋白有不同的构象状态，这些状态间的能量差非常小，热量起伏就能使通道蛋白从一种状态转变成另一种状态。德国科学家 Neher 等（1976）发明的膜片钳技术可以分辨出流经个别通道的皮安（pA）级电流，从而测量出通道开放持续时间和关闭持续时间，进而采用动力学分析方法，可以确定离子通道时开时闭的"门控"机制。根据门控机制的不同，一般将离子通道分为电压门控型、配体门控型和机械门控型三大类（刘胜浩 等，2006）。随着研究的深入，发现离子通道的开放与关闭状态常受许多因素的影响，电压、配体和机械刺激间有复杂的交互作用。

NSCCs 是以阳离子的低分辨力为特征的一类离子通道。这些离子通道的本质特征是它们缺乏离子选择性，能同时允许不同价态的阳离子通过。但它们对阳离子的选择性高于阴离子。大量的研究表明，NSCCs 是多种通道蛋白的集合体，广泛分布于植物根细胞、木质部薄壁细胞、种皮细胞、保卫细胞及叶肉细胞的原生质膜上，在细胞质膜、液泡膜以及多种内膜系统上发挥作用。NSCCs 参与了植物的营养元素吸收、膨压控制、离子的胞间转运及信号传导等许多生理过程，能够快速转运 K^+、Mg^{2+}、Ca^{2+}、NH_4^+、Mn^{2+}、Zn^{2+} 等植物必需的营养元素，也是一些有毒离子如 Na^+、Cs^+、Pb^{2+}、Hg^+ 和 Cd^{2+} 等进入细胞的途径。

NSCCs 在动物细胞的离子转运过程中也发挥着重要作用。如细胞膜上以透 Ca^{2+} 为主的瞬时受体电位通道（TRPCs）便是 NSCCs 的一种，通过感受细胞内外离子浓度、信使分子、温度和渗透压变化等各种环境刺激，调节自身的开放或关闭程度，参与维持细胞内外环境中的离子稳态，在哺乳动物的大部分组织和器官（如肾脏和中枢神经）中行使着多种生理功能（赵士峰 等，2015）。

11.2　离子通道对不同重金属离子的通透性

虽然在细胞膜内外进行离子转运的"装置"有通道蛋白和载体蛋白两大类，但通道蛋白的转运速率通常比载体蛋白要高。当细胞受到不良环境胁迫或是急需营养元素维持细胞正常代谢功能时，离子通道会发挥更重要的作用。许多离子通道都能同时转运多种离子，但对不同离子的转运率有明显的差别。基因型和生物膜类型是决定离子通道活性的关键因素。

Ca 离子在组织间的快速变化引发了人们对离子通道的重视。大量的研究证明，Ca^{2+} 是最重要的信号因子之一，多种刺激因素都是由 Ca 离子作为第二信使来介导并产生生物学反应的，Ca 离子在动物、植物和微生物抵制不良环境过程中发挥了重要的作用（Hepler et al., 2005; Hristov et al., 2016）。细胞感受刺激后，Ca 离子通过 Ca 离子转运蛋白和通道蛋白来调节细胞内 Ca 浓度，以产生相应的 Ca 信号。Ca 通道位于细胞膜表面，通过门控机制可以快速完成 Ca^{2+} 的跨膜运输。根据 Ca 通道的电压依赖性，可分为去极化 Ca 离子通道（depolarization-activated Ca^{2+}-permeable channels, DACCs）、超极化 Ca 离子通道（hyperpolarization-activated Ca^{2+}-permeable channels, HACCs）和非电压依赖性通道（voltage-independent Ca^{2+}-permeable channels, VICCs）。有些受渗透压、pH 值、机械力及一些内、外源性配体和细胞内信号分子等多种因素的调控的 NSCCs 也能优先转运 Ca^{2+}。如当 TRPCs 被激活时，能对 Ca 离子和其他阳离子进行跨膜运输。在哺乳动物中已克隆了 33 个 TRPCs 亚型，根据同源性不同，TRPCs 分为 7 个亚族，分别是 TRPC、TRPV、TRPM、TRPP、TRPA、TRPML 及 TRPN（Hristov et al., 2016）。正是由于多种通道参与 Ca^{2+} 的转运，才使得细胞内外的 Ca^{2+} 浓度能够短时间内发生显著的变化。例如，哺乳动物细胞在正常生理状况下，细胞内 Ca 离子浓度大约是 0.1 mol/L，而当细胞兴奋时，由于 Ca 离子通道的开放，大量 Ca 离子内流可使细胞内 Ca 离子浓度升高 10～100 倍（Young et al., 2001）。

　　由于 Ca 离子信号与很多重要生理功能相关，如心脏收缩、基因转录等，因此，人们把调节 Ca 离子进入细胞的离子通道统称为 Ca 离子通道。随着研究的深入，发现许多 Ca 离子通道的转化性并不强，它们能对多种阳离子进行转运（表 11.1）。除 Cu 以外，其他植物必需的重金属元素 Mg、Fe、Mn、Ni、Zn 都能通过 Ca^{2+} 通道进行转运；甚至一些有毒重金属如 Ba、Sr、Cd 等也能通过 Ca^{2+} 通道。在有些组织中，Zn^{2+}、Ba^{2+}、Cd^{2+} 的优先权超过了 Ca^{2+}（表 11.2）。虽然对 Ca^{2+} 通道的结构和功能进行了大量的研究，对其内部调控机制尚不清楚。

表 11.1　Ca 离子通道对不同金属离子的通透性

Ca 离子通道	可通过离子	细胞类型	参考文献
DACCs	Ca^{2+}、Ba^{2+}、Sr^{2+}、Mg^{2+}	胡萝卜细胞	Thuleau et al., 1994
DACCs	Ca^{2+}、K^+	蚕豆保卫细胞	White et al., 2000
HACCs	Na^+、Cs^+、K^+、Li^+、Rb^+	小麦根细胞	Piñeros et al., 1995
HACCs	K^+、Rb^+、Cs^+、Na^+、Li^+	黑麦根细胞	Weiger et al., 2014
HACCs	Ba^{2+}、Ca^{2+}	拟南芥中型叶细胞	Miedema et al., 2008

（续表）

Ca 离子通道	可通过离子	细胞类型	参考文献
HACCs	Ba^{2+}、Ca^{2+}	番茄细胞	Gelli et al.，1997
VICCs	Ca^{2+}、Ba^{2+}、Mg^{2+}、Na^+	拟南芥保卫细胞	Wang et al.，2013

表 11.2　TRPCs 对不同金属离子的通透性

TRPCs	可通过离子	细胞类型	参考文献
TRPM1	$Ca^{2+}>Ba^{2+}>Mg^{2+}>Ni^{2+}$	老鼠胰岛细胞	Lambert et al.，2011
TRPM6	$Ba^{2+}>Ni^{2+}>Mg^{2+}>Zn^{2+}\sim Ca^{2+}$ $Zn^{2+}>Ba^{2+}>Mg^{2+}\sim Ca^{2+}>Sr^{2+}>Cd^{2+}$ $>Ni^{2+}$	老鼠痉挛细胞	Li et al.，2006； Topala et al.，2007
TRPM7	$Zn^{2+}\sim Ni^{2+}>>Ba^{2+}>Co^{2+}>$ $Mg^{2+}\geqslant Mn^{2+}\geqslant Sr^{2+}\geqslant Cd^{2+}\geqslant Ca^{2+}$ $Ba^{2+}>Ni^{2+}>Zn^{2+}>Mg^{2+}>Ca^{2+}$ $Ni^{2+}>Ba^{2+}\approx Mg^{2+}\approx Zn^{2+}\approx Sr^{2+}>Cd^{2+}$	人体肾脏上皮细胞	Li et al.，2006； Topala et al.，2007； Schnitzler et al.，2008； Monteilh-Zoller et al.，2003
TRPV5	$Ca^{2+}>Ba^{2+}>Sr^{2+}>Mn^{2+}$，$Zn^{2+}$，$Cd^{2+}$	人体肾脏上皮细胞	Kovacs et al.，2013 Vennekens et al.，2000
TRPV6	$Ca^{2+}>Sr^{2+}>Ba^{2+}>Mn^{2+}$ $Zn^{2+}>Cd^{2+}>Ca^{2+}$，La^{3+}，Gd^{3+}	人体肾脏上皮细胞、人乳腺癌细胞	Kovacs et al.，2013 Yue et al.，2001

11.3　重金属离子对 NSCCs 的调控

低浓度的重金属离子对 NSCCs 具有激活作用。Cu^{2+}、Fe^{2+}、Zn^{2+}、Ni^{2+}、Ba^{2+}、Cd^{2+} 等对 TRPV1 的激活作用既受离子浓度的影响，也受温度和其他环境因素的干扰。Zn^{2+} 在 1～1 000 nmol/L 的范围内均有激活作用，而其他离子只在比较狭窄的浓度范围内才有激活作用，如 Cu^{2+} 只有在 0.6～1 μmol/L、Cd^{2+} 在 1～2 μmol/L 的情况下对 TRPA 有明显的激活作用，能显著增加通过 TRPA1 的电流强度。但是，对 TRPC5 而言，1～1 000 μmol/L 的 La^{3+} 和 Gd^{3+} 都对其有激活作用，当 La^{3+} 浓度增加到 5 mmol/L 时才会对 TRPC5 产生抑制作用。2～20 mmol/L 的 Ca^{2+} 不仅能激活 TRPC5，而且可以降低其对其他离子的敏感性。当细胞外的 Ca 浓度为 20 mmol/L 时，低浓度的 La^{3+} 对 TRPC5 不再有激活作用，说明 Ca 和 La 通过竞争结合位点来对 TRPC5 产生激活作用（Zeng et al.，2004）。

研究表明，La^{3+}、Gd^{3+} 能够抑制植物细胞质膜上的多种 NSCCs，包括菜豆（*Phaseolus vulgaris*）种皮细胞和种子薄壁细胞上负责二价阳离子转运的外向整流阳离子通道、超极化激活的 NSCCs、Glu 激活的 NSCCs 等；在培养液中加入 0.1 mmol/L La^{3+} 和 Gd^{3+}，能显著抑制水稻幼苗对 Cd^{2+} 的吸收和转运（张参俊等，2015）。细胞外 10～20 μmol/L La^{3+} 和 Gd^{3+} 能对许多细胞膜上 TRPCs 的离子流速产生显著的抑制作用；当 La^{3+} 和 Gd^{3+} 通过被动运输进入到细胞液中后，其对离子通道的抑制效果比在细胞外更加显著。不同的离子通道类型对 La^{3+} 和 Ga^{3+} 的敏感性差异非常大，10 μmol/L 的 La^{3+} 能够关闭 TRPA1、TRPV5 等离子通道，而对 TRPM7 而言，只有 2～10 mmol/L 的 La^{3+} 才能抑制其活性（Monteilh-Zoller et al.，2003）。这种敏感性与离子通道的氨基酸残基构成有关，也与细胞中的 Ca 浓度有关。Ca^{2+} 浓度越高，La^{3+} 和 Gd^{3+} 的抑制效应越弱。

二价阳离子和离子通道中带负电荷的氨基酸残基结合，从而有效阻止单价阳离子通过离子通道的过程。因此，许多能够通过离子通道的二价阳离子通常都是单价离子的抑制剂。当中微量元素 Zn、Mg、Cu 的浓度提高到一定程度后，就会对一些离子通道产生明显的抑制作用，而有害重金属 Cd、Al、Pb、Ba 等，在很低浓度时就能对离子通道产生明显的抑制效应（表 11.2）。离子通道的氨基酸构成直接决定着其对重金属元素的敏感性。当把大电导-Ca 激活的钾离子通道（BK）内孔中的 Asn 替换成 Cys 后，其对 Cd 的敏感性显著提高，低浓度的 Cd 就能使其完全关闭。

11.4　结论与展望

维持细胞内环境的稳定性是生物体扩大环境耐受限度的一种主要机制。为了提高细胞内金属离子的内稳态（homeostasis），细胞膜上的 NSCCs 发挥了重要作用。无论是植物和人体代谢所必需的重金属离子，还是非必需的重金属离子，几乎都能通过 NSCCs 进行转运。有些重金属离子如 La^{3+}、Gd^{3+}、Cd^{2+} 等对动植物细胞膜上的阳离子通道具有关闭作用，它们不仅危害人体健康，对植物的生长发育也有不良影响。所以，深入了解重金属离子调控 NSCCs 的机理，提高植物对有害重金属离子的拦截，对于提高重金属污染农田的安全利用水平、降低食品安全风险具有重要意义。

随着膜片钳及其他相关技术的发展，人们发现 NSCCs 所能转运的离子类型越来越多，重金属离子能够通过改变细胞膜内外的电压、配体构型和机械刺激强度等多种方式来调控离子通道的开放与关闭状态。由于缺乏严格的离子选择性，根据电流强度很难区分阳离子通道对不同金属离子的转运率，以电生理学特征为依据进行离子通道分类的方法面临着严峻的挑战。在今后的研究中，应充分利用现代分子生物学手段，把结构生物学和蛋白组学、离子组学结合起来，系统分析 NSCCs 的生理活性与微生物、植物、动物适应性变异间的进化关系，明确阳离子通道的分子结构与重金属离子敏感性之间的内在联系。在此基础上，筛选和合成靶标准确的离子通道调控剂，就能有效控制重金属离子的生物毒害作用。

参 考 文 献

何龙飞, 刘友良, 沈振国, 等, 1999. 植物离子通道特征、功能、调节与分子生物学 [J]. 植物学通报, 16(5): 517-525.

刘胜浩, 刘晨临, 黄晓航, 等, 2006. 植物细胞的非选择性阳离子通道 [J]. 植物生理学通讯, 42(3): 523-528.

张参俊, 张长波, 王景安, 等, 2015. 非选择性阳离子通道对水稻幼苗镉吸收转运特性的影响 [J]. 农业环境科学学报, 34(6): 1028-1033.

赵士峰, 许文萱, 张自力, 等, 2015. 瞬时受体电位离子通道及其在纤维化疾病中的研究进展 [J]. 中国药学杂志, 50(24): 2095-2098.

FINAZZI G, PETROUTSOS D, TOMIZIOLI M, et al., 2015. Ions channels/transporters and chloroplast regulation[J]. Cell calcium, 58: 86-97.

GELLI A, BLUMWALD E, 1997. Hyperpolarization-activated Ca^{2+}-permeable channels in the plasma membrane of tomato cells[J]. Jouranl of membrane biology, 155: 35-45.

HEPLER P K, 2005. Calcium: a central regulator of plant growth and development[J]. Plant cell, 17: 2142-2155.

HRISTOV K L, SMITH A C, PARAJULI S P, et al., 2016. Novel regulatory mechanism in human urinary bladder: central role of transient receptor potential melastatin 4 channels in detrusor smooth muscle function[J]. American journal of physiology-cell physiology, 310(7): 600-611.

KOVACS G, MONTALBETTI N, FRANZ M-C, et al., 2013. Human TRPV5 and TRPV6:

key players in cadmium and zinc toxicity[J]. Cell calcium, 54(4): 276-286.

LAMBERT S, DREWS A, RIZUN O, et al., 2011. Transient receptor potential melastatin 1 (TRPM1) is an ion-conducting plasma membrane channel inhibited by zinc ions[J]. Journal of biology chemistry, 286(14): 12221-12233.

LI M, JIANG J, YUE L, 2006. Functional characterization of homo- and heteromeric channel kinases TRPM6 and TRPM7[J]. Journal of general physiology, 127(5): 525-537.

MIEDEMA H, DEMIDCHIK V, VÉRY A A, et al., 2008. Two voltage-dependent calcium channels co-exist in the apical plasma membrane of *Arabidopsis thaliana* root hairs[J]. New Phytologist, 179: 378-385.

MONTEILH-ZOLLER M K, HERMOSURA M C, NADLER M J S, et al., 2003. TRPM7 provides an ion channel mechanism for cellular entry of trace metal ions[J]. Journal of general physiology, 121(1): 49-60.

NEHER E, B SAKMANN, 1976. Single-channel currents recorded from membrane of denervated frog muscle fibres[J]. Nature, 260(5554): 799-802.

PIÑEROS M, TESTER M, 1995. Characterization of a voltage-dependent Ca^{2+}-selective channel from wheat roots[J]. Planta, 195: 478-488.

SCHNITZLER M M, WÄRING J, GUDERMANN T, et al., 2008. Evolutionary determinants of divergent calcium selectivity of TRPM channels[J]. Faseb journal, 22(5): 1540-1551.

THULEAU P, WARD J M, RANJEVA R, et al., 1994. Voltage dependent calcium-permeable channels in the plasma membrane of a higher plant cell[J]. Embo Journal, 13: 2970-2975.

TOPALA C N, GROENESTEGEW T, THÉBAULT S, et al., 2007. Molecular determinants of permeation through the cation channel TRPM6[J]. Cell calcium, 41(6): 513-523.

VENNEKENS R, HOENDEROP JG, PRENEN J, et al., 2000. Permeation and gating properties of the novel epithelial Ca^{2+} channel[J]. Journal of biology chemistry, 275(6): 3963-3969.

WANG Y F, MUNEMASA S, NISHIMURA N, et al., 2013. Identification of cyclic GMP-activated nonselective Ca^{2+}-permeable cation channels and associated CNGC5 and CNGC6 genes in *Arabidopsis* guard cells[J]. Plant physiology, 163: 578-590.

WEIGER T M, HERMANN A, 2014. Cell proliferation, potassium channels, polyamines and their interactions: a mini review[J]. Amino acids, 46(3): 681-688.

WHITE P J, 2000. Calcium channels in higher plants[J]. Biochimicaet biophysicaacta, 1465: 171-189.

YOUNG R C, SCHUMANN R, ZHANG P, 2001. Intracellular calcium gradients in cultured human uterine smooth muscle: a functionally important subplasmalemmal space[J]. Cell calcium, 29(3): 183-189.

YUE L, PENG J B, HEDIGER M A, et al., 2001. CaT1 manifests the pore properties of the calcium-release-activated calcium channel[J]. Nature, 410(6829): 705-709.

ZENG F, XU S-Z, JACKSON P K, et al., 2004. Human TRPC5 channel activated by a multiplicity of signals in a single cell[J]. Journal of physiology, 559(3): 739-750.